危険SOS! 外来生物

知る！見る！捕まえる！図鑑

加藤英明

世界文化社

はじめに

　ここ最近、日本には本来生息していなかった外国生まれの生き物が増えている。それは「外来生物」とか「外来種」と呼ばれるもので、あっという間に日本中にすみついて、在来生物のエサを食べたり、すみかを奪ったりしてしまったんだ。

　それはとても悲しくて、なんとかしなければいけない問題だけれど、生き物が大好きなボクは、外来生物だって大好きだ。だって、日本にいる外来生物は自分でやってきたわけじゃないし、日本にいたくているわけじゃないからね。だから**外来生物は、「人間の都合で日本にやってきた、かわいそうな生き物」**といってもいい存在なんだ。

　でも、だからといってそんな外来生物の侵略に目をつむっているわけにもいかない。そこでボクは、日本の生態系を守るためにも、日本にいる外来生物が、本当はどこにすんでいて、どんな環境を好むのかを調べようと、たくさんの国を訪れたんだ。

　「そんなこと、わざわざ外国に行かなくても、図鑑で調べればわかるんじゃないの？」と、思う人もいるかもしれないね。でも、ボクはどんな生き物も、**実際に生息しているところを見て、捕まえて調べないと気がすまないんだ**。だから危険なジャングルだろうと、深い沼の中だろうと、必死に追いかけて飛びつき、捕獲してきた。そして、いつの間にか「外来種ハンター」と呼ばれるようになったんだ。

　そんな生物の中には、指をかみ切るほどの頑丈な歯があったり、命をおびやかすような毒を持っていたりと、危険な生物もたくさんいる。だけどボクは、どんな生物も恐れず、がむしゃらに捕獲してきた。なぜそれができたかって？　それはボクが、外来生物それぞれの危険性を十分に知っているからなんだ。

するどい歯や針、トゲ、毒……そんな危険な武器を持つ外来生物は、**それがなければ生きていけないほど、過酷で天敵の多い環境に生息していることが多い**んだ。そんな生物たちのどこが危険で、どこが安全なのかをきちんと理解すれば、どんな生物にも正しい飼い方や捕獲方法があることがわかるんだよ。
　もしキミが「外来生物を知りたい！」とか、ボクのように「捕まえてみたい！」と思っているならば、この本で外来生物のことを学んでみよう。**外来生物の特徴やデータ、ボクの捕獲エピソードをたくさん紹介しているので、安全な捕獲方法だけでなく、外来生物そのものの知識を深めることができる**んだ。
　さぁ、外来生物と上手に付き合うための最初の一歩を踏み出そう！

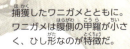

捕獲したワニガメとともに。ワニガメは腹側の甲羅が小さく、ひし形なのが特徴だ。

この本の使い方

危険度のレベル
武器の強さや、破壊力、増殖力、生命力などトータルで見た生物としての危険度を表している。

日本での呼び名（通り名）

外来生物の武器や特技をアイコンで表示

武器アイコン

 ひっかく　 トゲ・針

 かみつく　 鎧の体

 毒　 体当たり

 アンテナ　 逃げ足

 子の数　 大食い

 変装（擬態）　 ハサミ

あらゆる肉を食いちぎるヤバいヤツ！
アリゲーターガー

- どんな攻撃も受けつけない硬いうろこ
- 体当たりされると骨折の恐れあり
- 1億年以上前から姿を変えていないといわれる古代魚
- ワニのように長い頭部
- 獲物を仕留めるするどい歯

武器
体当たり／鎧の体／かみつく

データ
- 種類：魚類　カー科
- 寿命：長いもので50年
- 体の大きさ：全長2～2.5m　体重70～100kg
- 食べ物：肉食で、魚類や甲殻類、鳥類などを食べる
- 生息地：北アメリカ→本州～沖縄県

外来生物ごとの各種データを表記
日本での定着・繁殖が確認されていない生物は、生息地を「不明」としています。

ハンターカードには捕獲の情報がいっぱい！

日本にやってきた経緯、特徴などを解説

【法律で指定されているもの】

特 特定外来生物に指定

アイコンのないものは指定されていない外来生物です。
くわしくは➡p121

【持ち込まれたおもな理由】

飼	ペットなどが拡散した
食	食用として輸入された
毛	毛皮用として輸入された
遊	ゲームフィッシングなどの遊び用
敵	天敵の駆除目的として輸入された
紛	貨物に紛れ、意図せずに移入
不	理由は不明

Lvの見方

- Lv 1 ＝比較的簡単に捕獲できる。捕獲における危険も少ない。
- Lv 2 ＝捕獲は簡単だが、一人での捕獲はNG。大人の手助けが必要。
- Lv 3 ＝捕獲が難しく専門の道具が必要。または、専門家とともに捕獲する必要がある。
- Lv 4 ＝大人でも子どもでも、とにかく捕獲してはダメ！　捕獲によって身体や命に危険がおよぶ。または、法律上個人による生体の取り扱いが禁止されている。

発見・捕獲したら？

発見したり捕獲したあとの決まりがかいてあります！
くわしくは➡p120〜121

捕獲できる？　できない？

個人での捕獲は法律でできるものとできないものがあります。
・個人での捕獲OK→〇
・個人での捕獲NG→✕
きちんと守りましょう！

生物の潜んでいるところや捕まえ方など

加藤先生からのハンティング時のアドバイス

目次

はじめに	002
この本の使い方	004
危険SOS！　外来生物ランキング	008
加藤先生直伝！　外来生物ハンター心得	012

1章　川・湖にすみつく外来生物

アリゲーターガー	014	ブルーギル	026
外来種ハンター加藤の捕獲大作戦 1		オオクチバス	028
【川の怪物と対決】		コクチバス	030
ハンター加藤 VS アリゲーターガー		カムルチー（ライギョ）	031
	016	ハクレン	032
ウォーキング		ソウギョ	033
キャットフィッシュ（クララ）	018	タイリクバラタナゴ／チュウゴク	
マダラロリカリア（プレコ）		オオサンショウウオ	034
	020	アオウオ／グッピー	035
ナイルティラピア	022	カダヤシ	036
外来種ハンター加藤の捕獲大作戦 2		ヌートリア	038
【川の侵略者と対決】		アメリカミンク	040
ハンター加藤 VS ナイルティラピア		コラム1　観賞用の熱帯魚たちが	
	024	次々と野外に！	042

2章　田・沼・池・水路にすみつく外来生物

カミツキガメ	044	シロアゴガエル	058
外来種ハンター加藤の捕獲大作戦 3		アジアジムグリガエル	059
【最凶アゴと対決】		アメリカザリガニ	060
ハンター加藤 VS カミツキガメ	046	外来種ハンター加藤の捕獲大作戦 4	
ミシシッピアカミミガメ		【沼の威嚇王と対決】	
（ミドリガメ）	048	ハンター加藤 VS アメリカザリガニ	
ワニガメ	050		062
フトマユチズガメ	052	ウチダザリガニ／カラドジョウ	064
ハナガメ	053	タウナギ／スクミリンゴガイ	
ウシガエル	054	（ジャンボタニシ）	065
アフリカツメガエル	056		

加藤先生の危険外来生物との
　戦いの歴史！……066

コラム2 日本の生物も外国で「外来種」に！……068

3章 森林にすみつく外来生物

グリーンイグアナ……070
外来種ハンター加藤の捕獲大作戦 5
【森の恐竜と対決】
ハンター加藤 VS グリーンイグアナ
……072
グリーンアノール……074
スウィンホーキノボリトカゲ……076
タイワンスジオ……078
タイワンハブ……080
アフリカマイマイ……082
ヤマヒタチオビ……083
アムールハリネズミ……084

外来種ハンター加藤の捕獲大作戦 6
【森のかくれんぼ対決】
ハンター加藤 VS アムールハリネズミ
……086
フイリマングース……088
チョウセンイタチ……089
タイリクモモンガ／アナウサギ
……090
タイワンザル／キョン……091

コラム3 ネコやイヌも外来生物だった!?……092

4章 町・農地にすみつく外来生物

クマネズミ……094
外来種ハンター加藤の捕獲大作戦 7
【町のスーパーラットと対決】
ハンター加藤 VS クマネズミ……096
アライグマ……098
ハクビシン……100
クリハラリス（タイワンリス）……102
チョウセンシマリス……103
ヒアリ……104
アルゼンチンアリ……106

キョクトウサソリ類……107
ツマアカスズメバチ……108
セアカゴケグモ……110
ハイイロゴケグモ……112
ワカケホンセイインコ／
　インドクジャク……113

コラム4 池の水をぜんぶ抜く「かいぼり」とは？……114

5章 外来生物研究室

外来生物を捕まえる道具＆
　わなマニュアル……116
ハンターの服装と必要なものは？……118
捕獲できない外来生物と
　できる外来生物はどう違う？……120

外来生物Q&A……122
外来生物・索引……126

危険SOS！ハンター加藤が選ぶ外来生物ランキング

外来生物の頂点「最強の危険王」

No.1 ワニガメ

恐ろしいほどの強さを持つアゴで、人間の指をも簡単に粉砕！何物も通さない、硬い甲羅で守られている、無敵の存在だ。

No.2 カミツキガメ

かみつく力とかみつくまでのすばやさで、どんな敵も逃がさない！

No.3 アリゲーターガー

かみつきと体当たりの強さで、人間の骨をも砕く怪獣だ！

猛スピードで増え続ける「驚異の増殖王」

No.1 ブルーギル

一度の産卵個数はなんと6万個！
しかも繁殖期には産卵を何回もくり返す。

気づいたときには地域の水辺が侵略されているぞ！

No.2 クマネズミ

生後12週間で子どもを産めるようになり、**一気に増えてしまう！**

No.3 カダヤシ

一度に100匹以上の子どもを産み、たった3か月で**産卵可能になる！**

在来生物を片っ端から食べつくす！
「地獄の破壊王」

No.1 アライグマ

天敵がいないため、地上だけでなく樹上の鳥や昆虫まで食べつくし、日本各地の森から多くの在来生物を減らし続けている。

No.2 オオクチバス

バケツのような大きな口で小動物さえ丸のみする！

No.3 ウシガエル

小型のほ乳類やは虫類、他のカエルまで、ひたすら食べ続ける！

人命の危機がそこに!
「恐怖の猛毒王」

No.1 タイワンハブ

日本のハブよりも毒性が強い!かまれれば出血毒で血管や筋肉が破壊され、**手足が壊死し、場合によっては命の危険も!**

No.2 ヒアリ

集団で敵を襲い、頑丈な毒針で何度も攻撃し、**仔ウシさえも殺す!**

No.3 セアカゴケグモ

かむことで出る神経毒によって**敵をマヒさせる!**

加藤先生直伝!
外来生物ハンター心得

外来生物を捕まえたいと思ったときに大切なのは、キミ自身の安全と生物の命を守ることだ。そのために必要な五つの心得を頭に入れておこう!

その一　捕獲するときは法律やルールを守ろう!
法律で決まっていることや、地域のルールを確認したうえで捕獲しよう。

その二　外来生物は「敵」ではない!
外来生物は決して悪者でも敵でもない。一つの命を大切に扱おう。

その三　服装や準備はしっかりと!
ケガや事故を防ぐためにも、服装や道具などの準備は十分に行おう。

その四　捕獲する生物の気持ちになろう!
「自分がその生物だったらどこに隠れているか」と考えて、生物を探してみよう。

その五　捕獲したら逃がさない!　移動させない!
外来生物の生息域を広げないためにも、逃がしたり移動させたりするのはNGだ。

⚠️ **捕獲大作戦ページの戦い方は専門家になってから!**
捕獲大作戦ページの外来種ハンター加藤は素手で外来生物と戦うけれど、それは十分に相手の特性を知っているから。同じようなマネはしないでね。

1章
川・湖にすみつく外来生物

あらゆる肉を食いちぎるヤバいヤツ！　危険度!!!

アリゲーターガー

どんな攻撃も受けつけない硬いうろこ

体当たりされると骨折の恐れあり

1億年以上前から姿を変えていないといわれる古代魚

ワニのように長い頭部

獲物を仕留めるするどい歯

武器

 体当たり
 鎧の体
 かみつく

データ

種類	魚類　ガー科
寿命	長いもので50年
体の大きさ	全長2〜2.5m／体重70〜100kg
食べ物	肉食で、魚類や甲殻類、鳥類などを食べる
生息地	北アメリカ→本州〜沖縄県

人の骨をたたき割る無敵の古代魚

近年、多くの川などで見られるアリゲーターガーは、飼育されていたものが大きくなって飼いきれなくなり、放流されたと考えられている。水中を力強く、まっすぐに進むその姿は、まるで発射されたミサイル。体当たりされれば人骨など軽くたたき割る破壊力を持つ。さらにエナメル質のうろこに覆われた全身は鎧のように硬く、どんな攻撃も受けつけない。長いもので50年近い寿命を全うするまで、生物を食べ続ける、無敵の古代魚だ。

オスは全長1m、メスは1.5mを超えたら繁殖可能といわれている。この日捕獲したのは1.3mのオス。

加藤メモ

警戒心が強く、罠にもかからないアリゲーターガーは、池の水を抜くか、浅瀬に追い込まなければ捕獲は困難です。

QUIZ

アリゲーターガーの名前の由来は？

① カメ
② ワニ
③ ヘビ

②ワニ

頭の形が似ていることから、ワニを意味する「アリゲーター」が名前についたんだ。ちなみに「ガー」は槍の意味で、体の形を表しているよ。

HUNTER CARD FILE 1

ハンターレベル 特 飼

Lv3 捕獲 ▶▶▶ 捕獲したら… その場で処分し、食用やはく製・標本にする

こんなところにいる

流れのおだやかな川や湖、沼を好んで生息。環境適応能力が高く、近年では海水域での出現も確認されている。東京・多摩川などで多く繁殖しているといううわさもある。

ハンター行動

ザリガニや生きた魚をエサに釣り上げる大人もいるが、歯がするどくかなり危険。空気呼吸が可能なので水面に上がってくることも。ガーを見たら警察に連絡しよう！

1章 川・湖にすみつく外来生物

逃げ足の速いかわいい怪魚

危険度 !!!

ウォーキングキャットフィッシュ（クララ）

- 胸びれには硬いトゲがある
- 食欲おう盛で、まわりの生物を食べつくす
- 8本のヒゲをレーダーにして危険を感知

武器
- トゲ・針
- アンテナ
- 逃げ足

データ
- 種類　　魚類　ヒレナマズ科
- 寿命　　10〜15年
- 体の大きさ　全長60〜70cm　体重1.2〜1.5kg
- 食べ物　雑食で、魚類や甲殻類、貝類、昆虫などを食べる
- 生息地　東南アジア→沖縄本島

沖縄に定着
寝込みを襲う歩くナマズ

観賞用で「クララ」というかわいい名前で販売されたものが、野外に放されてすみついた。特徴は白と黒のまだら模様だが、人為的に変えられたもので、本来は日本のナマズに似た黒茶色をしている。繁殖力が強く、沖縄の市街地の川で増殖中。食欲がおう盛なうえに夜行性で、水中生物の寝込みを襲って食べてしまう。危険を知らせるアンテナ役のヒゲが在来種・ニホンナマズの倍の8本もあり、警戒心が非常に強くて逃げ足も速い。

沖縄の川で捕獲したウォーキングキャットフィッシュ。このまだら模様を目印に見つけてみよう！

加藤メモ

原産国でワニやオオトカゲに狙われ続けていたため、**警戒心の強さはピカイチ**。釣りでの捕獲は困難。タモを持っての**強行突破**しかない！

QUIZ

陸地を歩くからウォーキングキャットフィッシュ。では、どうやって歩く？

① 尾びれでジャンプして歩く
② でんぐりがえしで歩く
③ 胸びれを足代わりに使って歩く

③ 胸びれを足代わりに使って歩く
胸びれのするどいトゲを足代わりに使い、くねくねと歩く。30分以上も歩けるので、陸を歩いて川から他の川へ移る可能性大。

HUNTER CARD FILE 2

ハンターレベル 飼

Lv3 捕獲

捕獲したら…
飼う／処分／食べる／はく製・標本

こんなところにいる

カーブしている川の内側部分など、流れがゆるやかな場所がポイント。エサがたまりやすく、泳ぎがラクで呼吸の回数も減り、クララには快適な場所。

ハンター行動

空気を吸いに同じ場所に何度も顔を出す。見つけたら、大きな水音を立ててヒゲの感覚器を混乱させ、パニックになっているところをタモでキャッチ！

1章　川・湖にすみつく外来生物

剣をも通さない完全無欠の甲冑魚！

危険度 ❗❗❗

マダラロリカリア
（プレコ）

鎧のような硬いうろこで覆われ、どんな魚や鳥の攻撃もはね返す

吸盤のような口で、どんなものにも貼りつく

ひれについた硬いトゲは、攻撃してくる生物の体に刺さる

武器

トゲ・針

鎧の体

データ

種類	魚類　ロリカリア科
寿命	10年以上
体の大きさ	全長30〜70cm
食べ物	草食で、岩などについたコケを食べる
生息地	南アメリカ→沖縄本島の川

無敵の鎧の体
沖縄の川で敵なし生活

成長が早くて飼いきれなくなり、野外に捨てられて野生化した。沖縄では、1991年には定着が確認され、20年以上も前から日本に存在し続ける外来生物だ。おっとりした性格で他の生物を襲うことはないが、コケを主食とするため、同じくコケを食べる在来種・リュウキュウアユが姿を消すことに。アマゾン川でワニから身を守るために進化した体は、サメでも丸のみが困難なほどの硬いうろこに覆われていて、日本での天敵は存在しない！

成魚 — 稚魚 — 五百円玉

稚魚は10cm以下だが、数年で50cmほどに成長。産んだ卵を守る習性で、稚魚の生存率も高い。

加藤メモ

硬い、重い、天敵がいない、だから動きは鈍い。浅瀬に的を絞り、見つけたらそっと近づいて**真上から手を突っ込み、手づかみでゲット**する。

QUIZ
マダラロリカリアの弱点は？

① 寒さ
② 暑さ
③ 水質悪化

① 寒さ

熱帯を流れるアマゾン川原産の生物なので、寒さにはめっぽう弱い。そのため日本では、沖縄などの一年中あたたかい地域にしかすみつかないんだ。

HUNTER CARD FILE 3

ハンターレベル　飼

 Lv2 捕獲

捕獲したら…
飼う　処分　食べる
はく製・標本

こんなところにいる

沖縄本島の川には大量に発生している。警戒心がないので、人間がたくさんいる町の中の川でも、日中に泳いでいる姿を見ることができる。

ハンター行動

モリで突いても硬いうろこを突き破るのは困難。浅瀬でじっとしているところを、タモなどで獲る。ひれにトゲがあるので手袋は必需品。

1章　川・湖にすみつく外来生物

どこにでもすみつき増える**あらくれ者**！　

ナイルティラピア

口の中で子育てするので、稚魚の生存率が高い

背びれにするどいトゲがある

感覚器である側線が2本あり、ここで危険を察知する

武器

体当たり

トゲ・針

子の数

データ

種類	魚類　カワスズメ科
寿命	10年
体の大きさ	全長30〜80cm／体重900g〜3kg
食べ物	植物プランクトンを中心になんでも食べる
生息地	アフリカ→沖縄県、小笠原諸島など

在来生物を追いやる繁殖モンスター

　危険を感じると体当たりするどう猛な性格と、汚れた川でも海水でも生きていける強い生命力を持つ。水温が24〜32℃ほどであれば、季節に関係なく産卵する。一度に400〜2000個の卵を産み、50日後にはまた産卵するという驚異の繁殖力。しかも、口の中で子育てをするので稚魚が襲われにくく、爆発的に増殖してしまうのだ。

　多くの魚は水の振動を感知する「側線」が1本だが、ナイルティラピアには2本あり、危険を回避する能力も高い。雑食で、在来種のメダカなどの卵やエサを食べつくすため、他の魚が生息できない環境を作るモンスター魚となっている。

加藤メモ
俊敏で危険を感じる能力が高いので、大勢で水音を立て、浅瀬に追い込んで**一網打尽**にすれば、**大漁まちがいなし！**

QUIZ
ナイルティラピアはなぜ日本にやってきた？

① 観賞用
② 食用
③ 雑草駆除用

②食用
あっさりした白身で味がよく、養殖されていたこともある。そこから逃げ出したものが野生化したんだ。

HUNTER CARD FILE 4

ハンターレベル 食
 捕獲
捕獲したら…
飼う／処分／食べる／はく製・標本

こんなところにいる
水温が高ければ、どんな川でも海水混じりの河口でも生息できる。とくに流れのゆるやかな場所や、岩場の陰にはナイルティラピアがいる可能性大。

ハンター行動
群れになる性質があるので、浅瀬にいるものはタモですくってゲット。深場にいるものはパンをエサにして釣りあげることも可能。背びれのトゲに注意。

1章　川・湖にすみつく外来生物

爆発的に増えまくる悪名高き食いしん坊！　危険度 !! !! !

ブルーギル

背びれや腹びれ、尾びれにするどいトゲを持ち、外敵から身を守る

特に繁殖期のオスは気が荒く、近づいた魚に体当たりして追いやる

恐ろしいほどの食欲で、他の魚の卵や稚魚まで食べつくす

武器

 体当たり
  トゲ・針
 子の数

データ

種類	魚類　サンフィッシュ科
寿命	10年
体の大きさ	全長10〜25cm
食べ物	雑食で、水生昆虫や甲殻類、水草まで食べる
生息地	北アメリカ→日本全域

日本全土に拡散
雑食を超えた悪食魚！

　1960年、アメリカのシカゴ市長から送られた15匹が日本各地の試験所で増やされ、それらが野外に放流され増殖が始まった。
　そんなブルーギルが日本を含めた世界各地で大繁殖しているのは、雑食を超えた「悪食」だから。水生昆虫や甲殻類などの小動物を食べるほか、エサがないときには水草までも食べつくす。さらには魚の卵や稚魚を食べてしまうため、他の魚のエサを奪うだけでなく、繁殖までも妨げてしまう恐ろしい食いしん坊だ。
　気性も荒く、近づいた魚に体当たりしたり、かみついたりする。体は小さいが、一度に6万個もの卵を産むなど、繁殖力もおばけ級だ。

1章　川・湖にすみつく外来生物

加藤メモ
小さいときは水面近くを動き、大型の成魚になると深い位置であまり動かない。その生態を頭に入れて釣りあげよう！

QUIZ
ブルーギルの「ギル」ってなに？

①ひれ
②尾
③えら

③えら
オスのえらの後ろの方が青黒く見えることから、「青い（ブルー）えら（ギル）」という名前がついたよ。

HUNTER CARD FILE 5

ハンターレベル　特　食　遊

 Lv2 捕獲

捕獲したら…
その場で処分し、食用やはく製・標本にする

こんなところにいる
湖や池や、流れのゆるやかな河川などにいる。大物は身を隠すことを好むので、岩が多かったり、入りくんだ場所にひそんでいることが多い。

ハンター行動
ミミズや疑似餌を使った一本釣りで捕獲できる。捕まえたものをその場に戻す「キャッチアンドリリース」を禁止しているところもあるので確認しておこう。

大きなバケツの口で小魚を追って食べまくる　危険度

オオクチバス

卵や稚魚を守る
ために、突進し
て攻撃する

メス1匹当たり2000
～14万5000個の卵を
産み、繁殖力が高い

とても大きな口
で、カエルやネ
ズミ、鳥までも
丸のみする

武器

大食い

体当たり

子の数

データ

種類	魚類　サンフィッシュ科
寿命	10年
体の大きさ	全長30～97cm／体重5.5～10kg
食べ物	水生昆虫や魚類を中心に、カエルやネズミまで食べる
生息地	北アメリカ→日本全域

どう猛で攻撃性も高い 水中のライオン

1925年、アメリカから輸入したオオクチバスを、食用とゲームフィッシング目的で神奈川県の芦ノ湖に放流したのが移入のはじまり。バス釣りブームなども手伝い、今では全国の水域にすみついている。
オオクチバスの特徴は、バケツのような大きな口。肉食で、自分の体の半分ほどの大きさの魚を食べ、カエルやネズミなどの小動物や、小さな鳥まで丸のみにする。この食欲により、メダカやゼニタナゴ、シナイモツゴなどの希少な在来生物が絶滅・減少してしまった川も多い。どう猛な性格で、卵や稚魚を守るために突進して攻撃する。その姿はまるで水中のライオンのようだ。

加藤メモ
なわばりを作る5〜7月の繁殖期にはあまり移動せず、逃げても戻ってくるので、そこを狙えば捕獲しやすいです。

QUIZ
オオクチバスやコクチバス(p30)をまとめて呼ぶ場合の名称は？

① ブラックバス
② ホワイトバス
③ レッドバス

① ブラックバス
コクチバスの幼魚の体が黒いことから、「ブラック(黒い)バス」と呼ばれるようになったんだ。

HUNTER CARD FILE 6

ハンターレベル 特 食 遊

 捕獲
Lv2　　　　　　　○　捕獲したら…その場で処分し、食用やはく製・標本にする

こんなところにいる
湖や沼、流れのゆるやかな河川に生息。獲物を待ちぶせしたり身を隠したりするために、障害物の多い場所を好む。冬は水の深いところで群れで越冬する。

ハンター行動
釣りあげるのがもっともポピュラーな方法。ルアーなどの疑似餌やミミズなどの生きたエサで釣れる。大型のものは力が強いので注意しよう。

肉食の凶暴ギャング魚

コクチバス

危険度

加藤メモ
オオクチバスと同じミミズなどで釣りあげよう！

- どう猛な性格で、頭突きで攻撃してくる
- 自分の体の半分ほどの大きさの魚も食べてしまう

武器

 体当たり
 大食い
 子の数

データ

種類	魚類 サンフィッシュ科
寿命	8年
体の大きさ	全長30〜69cm
食べ物	魚類や甲殻類を食べる
生息地	北アメリカ→本州

釣り用に放流されたものが繁殖。オオクチバスと似て肉食性がとても強いうえに、急流にもすみつくため、オオクチバスが侵入しないところでも在来生物を減らしてしまう。各地でワカサギ、ヤマメなどが食べつくされる被害が発生している。

HUNTER CARD FILE 7

ハンターレベル 特 遊

Lv2 捕獲 ○ 捕獲したら…
その場で処分し、食用やはく製・標本にする

こんなところにいる
オオクチバスよりも水温が低めの場所を好み、流れの急な川でも生きられる。

カムルチー（ライギョ）

狙った獲物は逃がさない大口ハンター

危険度

加藤メモ：子育て中は稚魚を体のまわりにつけているので見つけやすい！

- するどい歯で、カエルやカメ、ネズミ、ヘビなども食べる
- 水の底で獲物を待ち、飛びかかって捕まえるハンター

武器

体当たり ／ 大食い

データ
- 種類：魚類　タイワンドジョウ科
- 寿命：10年以上
- 体の大きさ：全長25〜90cm
- 食べ物：昆虫や甲殻類を中心に、カエルやカメなども食べる
- 生息地：中国大陸、朝鮮半島→日本全域

1章　川・湖にすみつく外来生物

1923年ごろに日本に持ち込まれた。おもに昆虫や甲殻類を食べるが、カエルやカメ、ネズミ、さらには鳥のヒナまでも食べる。普段は水の底に潜んでいて、通りかかった獲物に飛びかかる凶暴ハンター。しかし、警戒心が強く、非常に臆病でもある。

HUNTER CARD FILE 8

ハンターレベル 不

Lv2 捕獲

捕獲したら？ 飼う／処分／食べる／はく製・標本

こんなところにいる
流れがほとんどない池や湖などにすむ。朝方や夕方、水がにごっているときに活発に動く。

ジャンプで骨を砕く巨大魚

ハクレン

危険度 !! !! !

加藤メモ
こちらに向かって跳び上がったらキャッチしましょう！

大型のものは力が強いので、捕獲時には注意が必要

エサにつられないために捕獲しにくい

高く跳び上がり、骨を砕くほどの勢いで体当たりしてくる

武器
体当たり

データ
種類	魚類　コイ科
寿命	15年
体の大きさ	全長50cm～1.2m 体重10～45kg
食べ物	植物プランクトン
生息地	シベリア東部～中国→本州～九州

食用のソウギョとともに日本に移入。最大で1.2mにもなるが、繁殖期にはその大きさをものともしない大ジャンプを見せる。水面から高く跳び上がって体当たりされ、けがをした人の報告がある。また、エサにつられない魚としても有名だ。

HUNTER CARD FILE 9

ハンターレベル
Lv3 捕獲

こんなところにいる
エサである植物プランクトンが豊富な川の下流域で、群れを作って回遊していることが多い。

捕獲したら…
飼う／処分／食べる／はく製・標本

フンをまきちらすやっかいなベジタリアン　危険度！！！

ソウギョ

加藤メモ
水草を置いておけば、簡単におびき寄せられます！

1章　川・湖にすみつく外来生物

大量のフンが環境を悪化させる

大量のエサをかみ砕く歯は口にはなく、のどにある

武器
大食い

データ
種類	魚類 コイ科
寿命	7～10年（長いものは20年）
体の大きさ	全長50cm～1.4m／体重10～35kg
食べ物	水草を大量に食べる
生息地	中国→本州～九州

　食用として日本に入る。水草を食べつくし、水草や在来生物を徹底的に減少させる大食い魚だが、実は口に歯はない。なんとのどに「咽頭歯」という歯があり、これで植物を食べているのだ。また、大量のフンが川の水質を悪くする原因にもなっている。

HUNTER CARD FILE 10

ハンターレベル　食
Lv1 捕獲
捕獲したら…
飼う 処分 食べる
はく製・標本

こんなところにいる
流れのゆるやかな川の岸や湖、沼に生息。エサとなる水草や水際の植物が多いところを探そう。

食べて追いかけまわして在来種を追いやる！

タイリクバラタナゴ

危険度 ❗❗❗

2枚貝に卵を産むため拡散が止められない

加藤メモ
在来種のニッポンバラタナゴとの雑種が増えて見分けにくい。

武器

- 体当たり
- 子の数

データ
種類	魚類 コイ科
寿命	4〜5年
体の大きさ	全長6〜8cm
食べ物	雑食で、動物プランクトンや藻を食べる
生息地	アジア地域東部→日本全域

HUNTER CARD FILE 11
ハンターレベル **Lv2** 捕獲 ◯

捕獲したら…
飼う／処分／食べる／はく製・標本

ヘビさえも丸のみ！ 世界最大級の両生類

チュウゴクオオサンショウウオ

危険度 ❗❗❗

加藤メモ
「種の保存法」により、捕獲は禁止されています！

食らいつかれるとなかなか離れず、大けがをする

模様は複雑で岩と同化してしまう

武器
- 大食い
- 変装（擬態）
- かみつく

データ
種類	両生類 オオサンショウウオ科
寿命	50年以上
体の大きさ	全長1m
食べ物	肉食で、魚類やカエル、ヘビ、昆虫などを食べる
生息地	中国→京都府

HUNTER CARD FILE 12
ハンターレベル **Lv4** 捕獲 ✕

不 見つけたら…
最寄りの機関に連絡を →p120

※この生物は種の保存法で個人での捕獲が禁止されています

2mにもなるモンスター魚

アオウオ

危険度 ❗❗❗

加藤メモ
貝をエサにして釣れますが、重いのでタモも用意して！

エビやカニを丸のみにする

武器
大食い

データ
種類	魚類 コイ科
寿命	15年以上
体の大きさ	全長1〜2m　体重50〜100kg
食べ物	貝類や甲殻類を食べる
生息地	中国、ベトナム→利根川、霞ケ浦

HUNTER CARD FILE 13
ハンターレベル　食
Lv2 捕獲　◯
捕獲したら…　飼う　処分　食べる　はく製・標本

野生で増殖し続ける熱帯魚

グッピー

危険度 ❗❗❗

自分の稚魚も食べてしまうほどの食欲

武器
大食い　子の数

データ
種類	魚類 カダヤシ科
寿命	数か月〜2年
体の大きさ	全長：オス3〜4cm、メス5〜6cm
食べ物	雑食で、水中の微生物や水生植物などを食べる
生息地	ベネズエラ・フランス領ギアナ、トリニダード・トバゴ、バルバドス→日本中の温水の川

加藤メモ
おう盛な食欲で、メダカの生息をおびやかしています。

HUNTER CARD FILE 14
ハンターレベル　飼
Lv1 捕獲　◯
捕獲したら…　飼う　処分　食べる　はく製・標本

1章 川・湖にすみつく外来生物

小さいくせに凶悪なヤツ！

危険度 !!!

カダヤシ

性格が凶暴で、メダカの尾びれを食いちぎる

在来生物のメダカ。よく似ているのがわかる。

魚の稚魚をよく食べる

生後たった3か月で繁殖できるようになる

武器

大食い

子の数

データ

種類	魚類　カダヤシ科
寿命	2年
体の大きさ	全長：オス約3cm、メス約5cm
食べ物	プランクトンや水生昆虫、魚の卵などを食べる
生息地	北アメリカ→福島県以南の本州〜沖縄県、小笠原諸島

卵や稚魚を襲う メダカキラー

形や大きさはメダカに似ているが、性格はまったく異なる。攻撃性がとても強く、食欲もおう盛で、メダカの尾びれを食いちぎったり、稚魚を食べてしまうなど、メダカの生息数減少の原因になっている。メスは卵を胎内で育て、一度に100匹以上の子どもを産む。成長も早く、たった3か月で子どもを産める大きさになるため、その地域で生息数が爆発的に増えてしまう。淡水魚でありながら塩分に強く、海をわたって別の川に移動し、その場所の生態系も壊してしまうこわい魚の一つだ。

メダカとの見分け方を覚えておこう！

	カダヤシ	メダカ
尾びれ	丸い	角ばっている
尻びれ	幅が狭い（オスは棒状）	幅が広い
背びれ	体の中央やや後ろにある	体の後方にある

加藤メモ
簡単に捕獲できますが、**メダカとまちがえないように気をつけましょう！** 右上にある見分け方をチェック！

QUIZ
カダヤシが日本に来た理由は？

① 観賞用として
② 蚊の駆除のため
③ 食用として

②蚊の駆除のため
蚊の幼虫であるボウフラを駆除するために、日本に入ってきたとされているよ。でも、メダカだってボウフラを食べるんだけどね。

HUNTER CARD FILE 15

ハンターレベル 特敵

 捕獲

捕獲したら… その場で処分し、食用やはく製・標本にする

こんなところにいる
流れのあまりない川や湖、池などに生息。冬の低温にも耐えられ、水質の悪化にも強いので、都市に近い水田や池、沼などにも潜んでいる。

ハンター行動
タモなどで比較的簡単に捕獲できる。ただし、捕獲したあとに、持ち帰って飼育することも、別の川や池に放すことも禁止されているので注意。

1章　川・湖にすみつく外来生物

ヌートリア

するどい前歯で地形も生態系もめちゃくちゃに！

危険度 ❗❗❗

- 前歯は指を切断できるほどの強さ
- するどいツメにひっかかれると、大けがをする
- 泳ぎがうまく、海岸線をつたって生息域を拡大

この生物は鳥獣保護法で個人での捕獲が禁止されています

武器

 かみつく
 大食い
 子の数

データ

- 種類：ほ乳類　ヌートリア科
- 寿命：8～10年
- 体の大きさ：頭胴長40～60cm、尾長30～45cm／体重5～9kg
- 食べ物：水生植物の葉や地下茎を食べる
- 生息地：南アメリカ→西日本一帯

おとなしいが怒ると怖い
攻撃王モンスター

　戦時中、毛皮にするために日本に持ち込まれ、西日本を中心に飼育されたが、逃げたり、不要になり放されたりしたものが野生化した。草食動物で、普段は非常におとなしい性格をしているが、攻撃力は非常に強い。足にはするどいツメがあり、むやみに捕獲しようとすれば確実にひっかかれる。

　また、オレンジ色をした大きな前歯にも要注意だ。どんどんのびていくこの前歯はとても頑丈で強く、人間の指も簡単に切断できるほどの威力がある。するどいツメで土手に穴を開けて巣を作って暮らすため、洪水から人々を守る土手の機能を低下させてしまうのだ。

加藤メモ
生後半年で子どもを産めるようになり、さらには年に2回出産し、一度に5匹ほど産むというおそるべき繁殖力です！

QUIZ
ヌートリアの後ろ足にあるものは？

① 7本の指
② ヒゲのような毛
③ 水かき

③ 水かき
ヌートリアの後ろ足の第1指〜第4指には、水かきがついているんだ。しかも指が長く、器用に泳げることがわかるね。

HUNTER CARD FILE 16

ハンターレベル　[特][毛]

レベル Lv4　捕獲 ✕

見つけたら…
最寄りの機関に連絡を
➡p120

こんなところにいる
寒さに弱いので、あたたかい地域の流れのゆるやかな河川や湖、沼などに生息する。おもに朝や夕方の薄暗い時間に活動し、昼間は巣穴で休んでいることが多い。

ハンター行動
鳥獣保護法の対象の生物であるため、個人で捕獲することはできない。見つけたら近寄らず、その地域の管理者や警察、地方環境事務所などに連絡しよう。

1章　川・湖にすみつく外来生物

水・空・土の獲物をすべて食らう！　危険度!!!

アメリカミンク

攻撃的であるため、手出しをすれば指の肉をかみ切られてしまう危険も

鳥の卵やヒナまでも食べてしまう

30m以上泳げるほど、泳ぎが得意。潜水も5mくらいなら可能

この生物は鳥獣保護法で個人での捕獲が禁止されています

武器

 かみつく

 大食い

データ

種類	ほ乳類　イタチ科
寿命	3～5年
体の大きさ	頭胴長：オス45cm、メス36cm・尾長：オス36cm、メス30cm／体重：オス1kg、メス0.7kg
食べ物	甲殻類や魚類、小動物を食べる
生息地	北アメリカ→北海道全域など

近づいたら危険！
かみつき凶暴スイマー

　1928年ごろ、北海道に移入され、繁殖したものが逃げ出し、野生化したといわれている。野生のアメリカミンクは、その見た目のかわいさからは想像がつかないほど攻撃的だ。もし人間が手出しをしようものなら、確実にかみつかれ、肉がちぎられてしまう。たとえオリなどに入れている状態でも、凶暴さは決して変わらない。どんな場面においても、近づくには注意が必要な生物だ。

　また、その凶暴さは食欲にも表れている。ネズミなどの小動物や、鳥の卵やヒナを捕まえて食べつくし、地域の生物の生存をおびやかす存在となった。泳ぎも得意で、魚を捕まえては食べ荒らしている。

1章 川、湖にすみつく外来生物

加藤メモ
日本のイタチと見分けがつきにくく、アメリカミンクだけを狙っての捕獲は、とても難しいですね。

QUIZ
アメリカミンクはなぜ日本に入ってきた？
① 毛皮用として
② 食用として
③ 害虫駆除用として

① 毛皮用として
アメリカミンクの毛は、世界中で高級毛皮として利用されている。飼育によって毛色を変えた個体も出回っているんだ。

HUNTER CARD FILE 17

ハンターレベル 　特　毛

見つけたら…
最寄りの機関に連絡を
→p120

こんなところにいる
北海道の広範囲に生息。海岸部や川、湖などの水辺に多く、山地にはあまりいない。見た目などがイタチと似ているので、まちがえられることがある。

ハンター行動
鳥獣保護法の対象の生物であるため、個人で捕獲することはできない。見つけたら近寄らず、その地域の管理者や警察、地方環境事務所などに連絡しよう。

コラム1 観賞用の熱帯魚たちが次々と野外に!

　日本全国の川や湖、池などを探索してみると、驚くほどの数の外来生物が見つかる。なかでも亜熱帯気候の沖縄県は、日本にいる外来生物の約半数1200種以上が生息しているといわれているほど、外来種が多い。市街地を流れる小川にタモを入れれば、グッピーなどの熱帯魚が簡単にすくえるのが現状だ。

　熱帯魚とは、その名前のとおり熱帯地方にすむ魚のこと。アマゾン川などにいるべき魚が、なぜ沖縄に？　それは、観賞用・ペット用として飼われていたものが、野外に放たれてしまったから。大きくなりすぎたり、増えすぎてしまうなど、いろいろな理由で飼っていたものが放されて野生化しているんだ。ペットショップで新しい熱帯魚が売られはじめると、数年後にはその熱帯魚が沖縄の川で見られるようになる——残念だが、それが現実だ。しかも沖縄は一年中あたたかいから、寒さに弱い魚も定着してしまい、在来生物を追いやったり、食べつくすなどして、生態系に大きな影響を与えているんだ。

　だけど、まちがえないでほしい。彼らだって本来生息すべきところで生息できない被害者なんだ。在来種と外来種が異なる場所で生きられるように、しっかり管理することが、どの生物にとっても大切だということを覚えておこう！

沖縄の川にすみついた熱帯魚たち

代表的な熱帯魚
- ウォーキングキャットフィッシュ(クララ)　原産：東南アジア
- マダラロリカリア(プレコ)　原産：南アメリカ
- ナイルティラピア　原産：アフリカ
- グッピー　原産：南アメリカ

他にもまだいる！
- アロワナ　原産：南アメリカ
- パールダニオ　原産：東南アジア
- ソードテール　原産：メキシコ
- ゼブラダニオ　原産：インド

グッピーは沖縄県だけでなく静岡県の川などでも、簡単に捕獲できる！

高価な観賞魚としても知られるアロワナが、沖縄の川で見つかったことも！

2章 田・沼・池・水路にすみつく外来生物

のびる首で敵の息の根を止める！ 危険度

カミツキガメ

目の前のものにすばやくかみつく

かむ力は強い。指を切断してしまうほどだ

首はやわらかく、動きが俊敏。のけ反るようにのばせば甲羅の上まで届く

武器 データ

かみつく　鎧の体　ひっかく

- 種類：は虫類　カミツキガメ科
- 寿命：40年以上
- 体の大きさ：最大甲長49cm
- 食べ物：雑食で、昆虫や甲殻類、魚類、水草などを食べる
- 生息地：北アメリカ〜南アメリカ→日本全域、静岡県で繁殖

044

姿を見せず強靭な力でかみつく
恐怖の凶暴ガメ

　ペットとして飼われていたものが、野外に放たれて野生化している。カミツキガメという名のとおり、かみつく凶暴さを持ったカメだが、武器はそれだけではない。カメとは思えないほど動きがとてもすばやく、首が長くてしなやか。油断していると一瞬で首をのばし、かみつかれてしまう。指などは簡単にちぎられてしまうだろう。ウナギやドジョウのようなヌルヌルした魚を好み、瞬時に捕獲しては丸のみしてしまう。

水から上げると攻撃的になり、目の前のものに首をのばし瞬時にかみつく。距離があるから大丈夫と思い、不用意に近づくと危険だ。

2章　田・沼・池・水路にすみつく外来生物

加藤メモ
カミツキガメを持つ際は、甲羅の後ろを押さえて尾を握ります。決して口元に手は出さないこと。大けがをします！

QUIZ
水を好むカミツキガメが上陸するのはどんなとき？

① 睡眠のとき
② 散歩のとき
③ 産卵のとき

③ 産卵のとき
一生のほとんどを水や泥の中で過ごし、穴にもぐって逃げるカミツキガメ。なかなか姿を現さないが、5〜6月にかけての産卵時にはよく陸に上がってくる。

HUNTER CARD FILE 18

ハンターレベル

Lv4 捕獲　×　見つけたら…
　　　　　　　　最寄りの機関に連絡を
　　　　　　　　→p120

こんなところにいる
水深がある川や湖、池などに生息。水底に泥がたまっていて、石や流木、水草などの障害物が多い場所にいる。一生のほとんどを水中で過ごし、日光浴はしない。

ハンター行動
攻撃的であるため、個人で捕獲するのは非常に危険。見つけたら警察などに連絡しよう。もし近づく機会があるときには、手を保護する革手袋が必須だ。

日本の沼を侵略した驚愕のカメ

危険度 !!!

ミシシッピアカミミガメ
（ミドリガメ）

他のカメの子どもを食べつくし生態系を狂わせる

空腹時や繁殖期には凶暴になるので要注意

小型ながらかみつく力は強い

武器
- かみつく
- 大食い
- 子の数

データ
- 種類　は虫類　ヌマガメ科
- 寿命　30年以上
- 体の大きさ　最大甲長28cm
- 食べ物　草食に近い雑食で、水草や藻、昆虫などを食べる
- 生息地　北アメリカ→日本全域

048

敵と見なせば容赦なし！
小さいモンスター

「ミドリガメ」として飼育されていたものが放されて野生化し、他の生物のエサまでも食べつくすモンスターとなった。特に在来種のニホンイシガメは、エサやすみかを奪われている。また、川の水草を食べて水質を悪くしたり、田んぼの稲を食べたりする被害も出ている。かわいいミドリガメの印象があるので気軽に手で触れようとしがちだが、性格はとても攻撃的で、かむ力も強く、敵と見なせば人間の指にもかみついてくる。

生息数は1000万匹ほどで、わな（p117）をしかけると一度に100匹以上はラクに捕獲できる。30年以上も生きることを知ったうえで、責任を持って飼おう。

2章　田・沼・池・水路にすみつく外来生物

加藤メモ

特徴は、頭の両側にある赤い模様。危険を察知すると、口を開けて威嚇してきます。かまれるとかなり痛い！

QUIZ

ミシシッピアカミミガメはどうして日光浴をする？

① 栄養成分を作るため
② 求愛のため
③ エサをおびき寄せるため

① 栄養成分を作るため

日光浴をすることで、成長に必要な成分であるビタミンD3を作っている。また、体を乾かして皮膚病を予防する効果もあるんだ。

HUNTER CARD FILE 19

ハンターレベル　飼

| Lv2 捕獲 | ◯ | 捕獲したら… 飼う／処分／食べる／はく製・標本 |

こんなところにいる

水深のある流れのゆるやかな川や、水底がやわらかくて水生植物が多い川や湖、池に多くいる。日光浴を好むので、陸に上がってくることも多い。

ハンター行動

水深20cmほどの場所なら手でも捕まえられるが、かみつき防止のために必ず軍手を装備しよう。わなで大量捕獲を行う場合は、都道府県知事の許可が必要だ。

049

怪力で甲羅もかみくだく、カメを食らうカメ！

危険度!!!

ワニガメ

他のカメの甲羅をかみくだき、人間の指も一度に数本かみちぎる

ミミズのような舌で、獲物をおびき寄せる

アゴの力は300～500kg！

武器

かみつく　大食い　ひっかく

データ

種類	は虫類　カミツキガメ科
寿命	50～100年
体の大きさ	最大甲長80cm／体重80～110kg
食べ物	肉食で、魚類や虫類、鳥類などを食べる
生息地	北アメリカ→不明

すべてを破壊する力を持つ
最強で最凶のカメ!

ゴツゴツした甲羅が特徴。ペットだったものが野外に放たれた。原産国のアメリカでは生息数が減り、国際的な条約や法律で保護されている。アゴの力がとても強く、他の種類のカメの甲羅も簡単にかみくだいてしまう。人間の指であれば数本まとめてかみちぎり、子どもの腕をも食いちぎるだろう。また、ミミズのような舌を疑似餌にして獲物をおびき寄せ、近づいた獲物を丸のみする優秀なハンターでもある。

太い大根も、ワニガメにかかると簡単に食いちぎられてしまう。おそろしいアゴの力だ。

2章 田・沼・池・水路にすみつく外来生物

加藤メモ

革靴の上からかまれても骨折します! 個人での捕獲は絶対さけ、専門家と一緒に捕まえましょう!

QUIZ
ワニガメがモデルになったのは?

① ゴジラ
② ガメラ
③ モスラ

② ガメラ
怪獣「ガメラ」のモデルになったのが、このワニガメだ。よく見比べてみると、顔の雰囲気などがとてもよく似ているよ。

HUNTER CARD FILE 20

ハンターレベル 飼

レベルLv4 捕獲

見つけたら…
最寄りの機関に連絡を
→p120

こんなところにいる
比較的水深があり、底が泥で水生植物が多い川や湖、池、沼などに生息する。夜行性で、一生のほとんどを水の中で過ごし、陸に上がることはあまりない。

ハンター行動
「かみつかれたら最後」の無敵のカメであるため、個人での捕獲は絶対さけよう。見つけたら近寄らず、地域の管理者や警察、地方環境事務所などに連絡しよう。

警戒心の強い食いしん坊！ 危険度!!!

フトマユチズガメ

名前どおりまゆ毛の模様が特徴

手を出すと、かみついてくるので注意が必要

武器
かみつく／大食い／手の数

データ
- **種類**: は虫類 ヌマガメ科
- **寿命**: 30年以上
- **体の大きさ**: 最大甲長24cm
- **食べ物**: 草食に近い雑食で、水草や藻、昆虫などを食べる
- **生息地**: 北アメリカ→不明

加藤メモ
捕まえるときには甲羅を持ち、口に手を近づけないようにします。

ペットだったものが、野外に放たれた。環境の変化に強くて丈夫なうえに大食いで、在来生物のエサとなるものを片っ端から食べて、生態系を乱している。自ら攻撃することはほとんどないが、こちらから手を出すと、身を守るためにかみついてくるので要注意。

HUNTER CARD FILE 21

ハンターレベル 飼
Lv2 捕獲
捕獲したら…／飼う／処分／食べる／はく製・標本

こんなところにいる
大きな川や湖、沼に生息する。日光浴をするが、危険を感じると水中に飛びこんで逃げてしまう。

ハナガメ

繁殖力ナンバーワンのカメ！

危険度 ❗❗❗

在来種との雑種をあっという間に増やす

性格はとてもおだやかで、攻撃はしない

加藤メモ
とにかく繁殖力が強い！在来種との雑種が増えてしまいます。

武器

子の数

データ

種類	は虫類　イシガメ科
寿命	30年以上
体の大きさ	最大甲長27cm
食べ物	雑食だが肉食に近く、魚類や昆虫、貝類を食べる
生息地	中国、ベトナム→不明

2章　田・沼・池・水路にすみつく外来生物

ペットが野生化したと考えられる。世界的に生息数は減っているものの、日本では在来種のカメの生息をおびやかす存在になっている。性格は非常におだやかだが、繁殖能力が強い。ニホンイシガメなどの在来種との雑種を数多く生み出すと考えられている。

HUNTER CARD FILE 22

ハンターレベル　特 飼

lv2 捕獲

こんなところにいる

捕獲したら…
その場で処分し、食用やはく製・標本にする

平野などの低地にある川や池、沼などに生息する。よく水の中で過ごすが、日光浴を行う。

図太く不敵な巨大ガエル

危険度 !!!

ウシガエル

- 口に入るあらゆる生物を食べる
- ジャンプ力があり、外敵が近づくと大きく跳んで逃げる
- オタマジャクシは巨大で、15cmほどの大きさ

武器

- 逃げ足
- 大食い
- 子の数

データ

種類	両生類　アメリカアカガエル科
寿命	10〜15年
体の大きさ	体長11〜18cm／体重500〜600g
食べ物	肉食で、昆虫や水生生物、ほ乳類、鳥類などを食べる
生息地	北アメリカ→日本全域

他のカエルまでも食べつくす
驚異の食いしん坊

1918年に食用として持ち込まれ、逃げたり放たれたりしたものが、野生化した。口に入るものはなんでも食べるため、生息地域のありとあらゆるものを食べつくす。一般的なカエルが食べる昆虫だけでなく、ザリガニなどの水生生物や小型のほ乳類や鳥類、は虫類などを食べ、しまいには他のカエルや、自分よりも小さいウシガエルまでも食べるため、「カエルを食べつくすカエル」として恐れられている。

警戒心が強いので、まずはそっと近づき、腰部分をすばやくギュッと握るのがポイント。

加藤メモ

水際に産みつけられた卵を取り除いてしまうのが、もっとも効果的なウシガエルの防除方法です。

QUIZ
ウシガエルはなにがウシに似ている？

① 顔
② 体
③ 鳴き声

③ 鳴き声
「ブオー」とウシに似た低くて大きな鳴き声を出すことから、ウシガエルと名づけられた。この鳴き声は、一部では騒音問題にもなっているほどなんだ。

HUNTER CARD FILE 23

ハンターレベル

Lv3 捕獲　特　食

捕獲したら…
その場で処分し、食用やはく製・標本にする

こんなところにいる

水草が多く、流れがゆるやかな川や湖、池などに生息する。夜行性なので夜に多く活動し、昼間はアシの茂みや土管の中など、暗いところに潜んでいる。

ハンター行動

直接手で捕獲するか、警戒心が強く夜行性なので、専門家とカニかごなどのわなをしかけて捕獲するのがベスト。ただし捕獲しても、法律上家庭で飼育はできない。

2章 田・沼・池・水路にすみつく外来生物

狙った獲物はロックオン！ 危険度 !!!

アフリカツメガエル

- 前足がセンサーになっていて、エサや敵を探知する
- 体に感覚器があり、危険の察知ができる
- 後ろ足の指にツメや水かきがあり、水底をけって泳ぐ

武器
- 大食い
- アンテナ
- 子の数

データ
- 種類：両生類　ピパ科
- 寿命：10〜20年
- 体の大きさ：体長5〜13cm
- 食べ物：雑食で、水中生物や魚類などを食べる
- 生息地：アフリカ南部→静岡県、和歌山県

泳ぎと捕獲に能力を発揮
最強の水中ガエル

　見た目のかわいさから、ペットとして飼われることが多く、逃げ出したり放たれたものが野外で増えている。
　陸上で動き回ることはめったにないが、水の中では無敵のカエルだ。後ろ足の指には水底をけるためのツメと、泳ぐための水かきがあり、エサも水中で捕まえる。獲物センサーになっている前足に触れるものがあれば、すぐに口を開けて食べてしまい、多くの在来生物が減る原因になっている。

オタマジャクシからカエルの姿になった直後のアフリカツメガエル。小さいがかなりの大食い。

加藤メモ
水深がひざ下のところなら、大好物のレバーでおびき寄せて警戒心をうまく解けば、素手で捕まえることができます。

QUIZ
アフリカツメガエルのオタマジャクシについているものは？

① ヒゲ
② ツメ
③ 歯

①ヒゲ
アフリカツメガエルのオタマジャクシについたヒゲは、エサや振動を察知するセンサーになっているんだ。

HUNTER CARD FILE 24

ハンターレベル

Lv1　捕獲 》》》 ○　飼

捕獲したら…　飼う　処分　食べる　はく製・標本

こんなところにいる
あたたかい地域の、湖や沼などに生息する。泥の中で休眠できるので、湖や池から水を抜いても泥の中で生き延びることができるうえに、越冬も可能。

ハンター行動
エサでおびき寄せて、素手やタモで捕まえる。湖や池から水を抜いたときには、泥の中に隠れていないか、足で掘って確認しよう。

2章 田・沼・池・水路にすみつく外来生物

街中でも生きる図太いカエル

シロアゴガエル

危険度！！！

加藤メモ
4〜10月の繁殖期の間に捕まえないと捕獲は困難です。

体色が段ボールや枯れ葉に似ていて、見分けがつかない

どんな環境にも適応できる

武器
- 大食い
- 子の数
- 変装(擬態)

データ
- 種類：両生類 アオガエル科
- 寿命：5年以上
- 体の大きさ：体長5〜7cm
- 食べ物：肉食で、昆虫などを食べる
- 生息地：東南アジア→沖縄諸島など

海外からの輸送にまぎれて持ち込まれた。ストレスに非常に強く、あらゆる環境に適応できる。乾燥したところでも平気で生活できるため、他のカエルがすみつけないような厳しい環境でも生き続け、さまざまな昆虫を食べつくしている。

HUNTER CARD FILE 25

ハンターレベル　特紛
Lv2　捕獲　◎

捕獲したら…
その場で処分し、食用やはく製・標本にする

こんなところにいる
市街地や耕作地にも多く生息。木の上で生活し、繁殖期以外はほとんど地上に下りない。

かくれんぼするカエル!?
危険度 !!!

アジアジムグリガエル

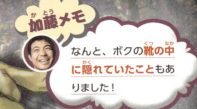

加藤メモ: なんと、ボクの靴の中に隠れていたこともありました！

口に入るものはなんでも食べる

土に潜るのが得意で、すぐに隠れてしまう

2章 田・沼・池・水路にすみつく外来生物

武器
- 大食い
- 変装（擬態）
- 子の数

データ
種類	両生類　ジムグリガエル科
寿命	6年
体の大きさ	体長5.5〜7.5cm
食べ物	肉食で、昆虫類（アリなど）を食べる
生息地	東南アジア（インドシナ）→不明

「ジムグリ」は「地潜り」のこと。夜行性で地面に潜ることが多いカエルで、昼間は地中や石の下、枯れ葉の下などで過ごすことが多いため、とても発見しにくい。大食いで、口に入るものはなんでも食べてしまううえに、環境への順応性も高い。

HUNTER CARD FILE 26

ハンターレベル **Lv2** 捕獲 → ○ 特／不

捕獲したら… その場で処分し、食用やはく製・標本にする

こんなところにいる
低地の開けたところなどに生息する。市街地のゴミ捨て場などにも生息する。

共食いもOKな残酷ザリガニ

アメリカザリガニ

危険度 !!!

水質が悪化しても耐えられる図太さ

水草を食べ荒らすことで、他の生物を追いやっている

大きなハサミで切りつける

武器

- 大食い
- ハサミ
- 子の数

データ

- 種類：甲殻類　アメリカザリガニ科
- 寿命：5年
- 体の大きさ：体長8～12cm
- 食べ物：雑食で、水草や小魚、水生昆虫などを食べる
- 生息地：北アメリカ→日本全域

大きなハサミが武器！
獲物や水草を食べまくる

1927年、養殖用のウシガエルのエサにするために、日本に持ち込まれた。特徴であるイボのついたハサミで、絶滅危惧種となっている水生昆虫や魚類を捕まえたり、他の生物のエサとなる水草をかって食べるなど、多くの生物の生育数を減らす原因となっている。また、ハサミは威嚇や攻撃にも使うので、捕獲時にはけがをするおそれがある。近年は自ら食べつくしたせいでエサが減り、共食いをするようになった。そのため、生息数が減る傾向にあるが、水質の悪いところでも耐えられる図太さで生息し続けている。

加藤メモ

冬は巣穴で冬眠しているので、捕獲に向きません。春になって外に出てきたところを捕獲するようにしましょう！

QUIZ
アメリカザリガニの呼吸は？

① エラ呼吸
② 肺呼吸
③ 皮膚呼吸

①エラ呼吸
アメリカザリガニはエラ呼吸ではあるものの、特殊なエラであるため、水に濡れていれば陸上でも呼吸が可能なんだ。

HUNTER CARD FILE 27

ハンターレベル　飼

Lv1 捕獲 捕獲したら…
飼う　処分　食べる
はく製・標本

こんなところにいる
水深が浅くて流れがゆるやかで、水底が泥のところに生息している。夜行性で、日中は掘った穴の中で過ごし、夜になると出歩いてエサを探す。

ハンター行動
スルメなどをエサにして、糸で1匹ずつ釣るのが一般的。カニかごなどのわなをしかければ、一気に多数を捕獲することができるが、これには都道府県の許可が必要。

2章 田・沼・池・水路にすみつく外来生物

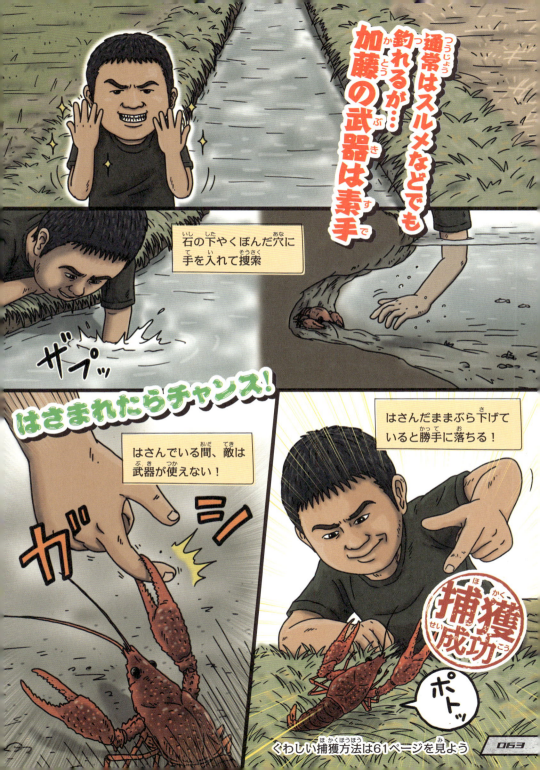

在来種のザリガニを食べつくす！

ウチダザリガニ

危険度

武器

大食い　ハサミ　子の数

データ
種類	甲殻類 ザリガニ科
寿命	6〜7年
体の大きさ	体長15cm
食べ物	雑食で、魚類や水草類などを食べる
生息地	北アメリカ→北海道、福島県、長野県、滋賀県など

加藤メモ
北海道の阿寒湖ではマリモを食べ、攻撃的で共食いします。

マイナス33℃の低水温から30℃の高水温に1週間耐えられる

HUNTER CARD FILE 28
ハンターレベル Lv2 捕獲　特 食
捕獲したら…
その場で処分し、食用やはく製・標本にする

在来種のそっくりさん!?

カラドジョウ

危険度

武器

変装（擬態）　大食い　逃げ足

データ
種類	魚類 ドジョウ科
寿命	5年以上
体の大きさ	全長10〜20cm
食べ物	雑食で、カイミジンコ類やホウネンエビなどを食べる
生息地	中国、朝鮮半島、台湾、インドシナ半島→本州〜四国

加藤メモ
在来種のドジョウと見分けがつきにくいのもやっかいです。

在来種の水生生物を食べてしまう

HUNTER CARD FILE 29
ハンターレベル Lv2 捕獲　紛
捕獲したら…
飼う 処分 食べる はく製・標本

田んぼの水を抜くウナギ!?
タウナギ

危険度 !!!

加藤メモ
大好物のミミズで釣ってしまいましょう！

田んぼの底に穴を掘って、水を干上がらせる

武器
- 逃げ足
- 大食い
- 子の数

データ
- 種類：魚類　タウナギ科
- 寿命：10年
- 体の大きさ：体長40〜50cm
- 食べ物：肉食で、魚類や水生昆虫などを食べる
- 生息地：東南アジア→東アジア→関東〜西日本

HUNTER CARD FILE 30
ハンターレベル Lv1 捕獲　　捕獲したら…　飼う・処分・食べる・はく製・標本

あっという間に増えるお化け貝
スクミリンゴガイ
（ジャンボタニシ）

危険度 !!!

加藤メモ
卵には毒があるので食べないように！

2か月で繁殖できるようになり、3〜4日ごとに産卵してどんどん増える

武器
- 大食い
- 子の数
- 毒

データ
- 種類：軟体動物　リンゴガイ科
- 寿命：2年
- 体の大きさ：殻高5〜8cm
- 食べ物：雑食で、水中の有機物を食べる
- 生息地：南アメリカ→関東〜沖縄県

HUNTER CARD FILE 30
ハンターレベル Lv1 捕獲　食　捕獲したら…　飼う・処分・食べる・はく製・標本

2章　田・沼・池・水路にすみつく外来生物

加藤先生の危険外来生物との戦いの歴史！

多くの外来生物とかかわり、研究に、捕獲に、テレビ出演に……と活躍している加藤先生。外来生物との出合いと、これまでの戦いと捕獲の歴史を振り返ってみよう。

少年時代　夢は「ワニになる」ことと「恐竜に乗る」ことだった！

小さい頃から生き物好きだった加藤先生。幼稚園時代には「ワニになりたい！」と願い、小学校に入ってからは「恐竜に乗って学校に行きたいなぁ」と願い続けていたんだ。

「小学生の頃には、魚をよく釣っていましたね。その経験が、今役立っているかも？」

ザリガニやフナ、メダカ、カエルなど身近な生き物を捕まえて遊んでいた。

大学時代　はじめて行ったアフリカで生物に会えず……

18歳のとき、アフリカのマリ共和国へ。図鑑で見たようなリクガメにたくさん出会えると思ったのに一匹も見られず、「図鑑と現実は違うんだ」と思い知らされることに。

「それからは『ボクが生物なら、どこに隠れるか』と考えて、生物のすみかを探すようになったんです」

はじめて訪れたマリ共和国の、ドゴン族の居住地であるバンディアガラの崖にて。巨大なケヅメリクガメの生息地とされるが、野生の姿を見ることができなかった。

研究者として
絶滅危惧種の研究から危険外来生物との対決を決意!

大学院に進学し、絶滅危惧種の研究を開始。その研究の中で日本の外来生物の生態に注目。生息地をたくさん訪れて、多くの生物を調査・研究しはじめる。

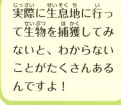

実際に生息地に行って生物を捕獲してみないと、わからないことがたくさんあるんですよ!

加藤先生が名づけ親となったオオクチガマトカゲ(左)、ヨーロッパでは野生動物保護の対象になっているバルカンミドリカナヘビ(下)。

バード島(セーシェル共和国)にいる、メスのゾウガメの「エスメラルダ」。200歳と推定されており、世界最長寿のカメといわれている。

そして今……
人の近づけない秘境まで捕獲のために旅を続ける!

「自分が生物なら、どこに隠れるか」。その気持ちを大切にしながら、まさに生物のように動き、捕獲をする加藤先生の姿をテレビでも見ることができる!

世界にはまだまだ見知らぬ生物がたくさん存在します。それらに出合い、捕獲することが、ボクのよろこびなんです!

アメリカで野生のカミツキガメを捕獲。現地で生態を調査すると、カミツキガメの本当の姿が見えてくる。

ヘビのように見えるが、実はトカゲ。「アシナシトカゲ」という名のとおり、隙間にすむことで足がなくなる進化を遂げた。

コラム2 日本の生物も外国で「外来種」に！

　外来生物に悩んでいるのは、日本ばかりではない。外国においても外来生物による問題が発生しているんだ。そしてときには、日本の在来生物が、外国で「外来生物」として深刻な問題を引き起こしているのを知っているかな？

　たとえば、外国に侵入したワカメがその一つだ。日本ではお味噌汁やサラダなど、いろいろな料理に使われてよく食べられているけれど、外国ではワカメを食べる習慣はなく、「海の雑草」のように考えられている。しかもワカメは繁殖力が強く、あっという間に海を埋めつくしてしまうので、害のある海藻として「害藻」とまで呼ばれているんだ。

　他にも、昆虫ではオオハリアリ、植物ではクズ、ほ乳類ではタヌキなどの日本の在来種が海外で定着し、さまざまな悪い影響を与えているんだよ。

海外で「外来種問題」を引き起こしている日本の在来種

●**ワカメ（海藻）**
天敵の少なさと繁殖力の高さで、海外の海を侵略。

●**オオハリアリ（昆虫）**
アメリカで、在来生物を食べまくり、分布を拡大中。

●**ヌマコダキガイ（貝類）**
日本では希少生物だが、天敵のいない海外で大量発生。

●**タヌキ（ほ乳類）**
毛皮目的で輸出されたものが野生化して、農産物に被害を与えている。

●**クズ（植物）**
爆発的な繁殖力で、海外では「ジャパニーズグリーンモンスター」と呼ばれている。

食いちぎって敵を倒す巨大トカゲ　危険度!!!

グリーンイグアナ

- 視野は300度以上で、動くものなら500m以上先でも見える
- アゴの力が強く、かまれると大けがをする
- 太い尾はガラスをたたき割るほどの威力がある
- 敵と見なしたものをするどいツメでひっかく

武器
- かみつく
- ひっかく
- 子の数

データ
- 種類：は虫類　イグアナ科
- 寿命：10～15年
- 体の大きさ：全長150～180cm／体重30kg
- 食べ物：草食だが、子どものときは昆虫も食べる
- 生息地：中央・南アメリカ→沖縄県石垣島など

かみつきと尾で攻撃する熱帯の恐竜

全長1m以上になる、恐竜のような姿が特徴。飼い主とコミュニケーションが取れることなどからペットとして好まれているが、捨てられたものが野生化し、石垣島などでは大繁殖している。知能が高く、野生化したものは人間を敵と見なし、近づけば逃げ出してしまう。捕獲しようとすれば、するどいツメでひっかいたりかみついたり、太い尾をたたきつけたりしてくる。また、一度に30個近い卵を産むなど、繁殖力も強い。

石垣島で捕獲したメス。おなかにはなんと卵が！ 野生種拡大を少しでも防ぐことができた。

加藤メモ

普段は山にいて見つけにくいですが、冬になると繁殖のため里におりてきます。そこが捕獲のチャンスです！

QUIZ
グリーンイグアナの特技は？

① 逆立ち
② バク転
③ 泳ぎ

③ 泳ぎ
泳ぎが得意で、危険な目にあうと水に飛び込んで逃げることもある。泳いで生息域を拡大する可能性もあるんだ。

HUNTER CARD FILE 32

ハンターレベル
Lv3 捕獲 飼

捕獲したら… 飼う 処分 食べる はく製・標本

こんなところにいる
水辺によく生息する。自力で体温調節ができないので、木の上で日なたぼっこをしていることが多い。木に登るときにできたツメのひっかき跡を手がかりに探せる。

ハンター行動
アニマルスネア(p119)を使って、木の上にいるグリーンイグアナの首にひもをひっかけて落とし、捕まえる。地上に落ちると逃げようとするので、必ず2人以上で捕獲しよう。

3章 森林にすみつく外来生物

希少生物を食べつくす小さな殺し屋！　危険度！！！

グリーンアノール

口が大きく、大きな獲物も一口で食べる

数メートル離れた場所の昆虫を見つけられる

指の裏にある細かいひだをひっかけることで、どんなところも登れる

武器

 大食い
 逃げ足
 変装（擬態）

データ

種類	は虫類　イグアナ科
寿命	7年
体の大きさ	全長15〜20cm／体重3〜7g
食べ物	肉食で、昆虫類や節足動物などを食べる
生息地	北アメリカ→南西諸島、小笠原諸島

すばやく静かに消え去る 忍者トカゲ

　日本では、ペットで飼っていたものが逃げ出したとも、貨物にまぎれてやってきたともいわれている。動きがとてもすばやく、指の裏にあるひだをひっかけてつるつるしたガラスの上も簡単に移動できるなど、逃走能力に優れたトカゲだ。口がとても大きく、大型昆虫や他のトカゲも一口で食べてしまう。グリーンアノールが大繁殖している小笠原諸島では、希少昆虫の多くがこの大口に食べられて激減し、絶滅の危機に追い込まれている。また、エサを食べつくされた在来種のオガサワラトカゲの数も激減するなど、世界遺産として認められた生態系に大きな影響が出ている。

加藤メモ

まわりに合わせて体の色を変えます。木の色（茶色）になっているときは動きが鈍いので、捕獲のチャンスです！

QUIZ

求愛のときにオスがすることは？

① のどを広げる
② 大声で鳴く
③ メスにエサをプレゼントする

① のどを広げる

繁殖期になると、オスは紫色をしたのどにある袋（咽頭垂）を広げて、メスに求愛のアピールをするんだ。

HUNTER CARD FILE 33

ハンターレベル

Lv3 捕獲 ○ 捕獲したら… その場で処分し、食用やはく製・標本にする

こんなところにいる

昼行性で、日中は体温調節のために木の上で日なたぼっこをし、夜間には木の枝や木々のすき間などのせまいところで眠る。最近は沖縄県の市街地でも目撃されている。

ハンター行動

非常にすばしっこいうえに、木の上にいることが多いので、捕獲はむずかしい。体色が茶色のときに小型のアニマルスネアで首をひっかけられるよう、粘り強く狙おう。

すばやい動きの大食いハンター 危険度!!!

スウィンホーキノボリトカゲ

昆虫を食べつくし、大きなカマキリものみ込む

警戒心が非常に強く、危険を察知するとすぐにヤブに逃げる

尾がしま模様

昆虫に負けないすばやさで、獲物を捕らえる

武器

 大食い
 かみつく
 逃げ足

データ

種類	は虫類　アガマ科
寿命	8年
体の大きさ	全長20〜30cm
食べ物	肉食で、昆虫類を食べる
生息地	台湾→静岡県、神奈川県

静岡で発見！
食いしん坊の台湾トカゲ

ペットとして飼っていたものが放されたり、海外からの貨物にまぎれたりして日本に移入。非常に警戒心が強く、危険を察知するとすぐにヤブに逃げてしまう。昆虫が大好物で、アリを中心として、カブトムシやチョウ、クモなどを食べる。巨大なカマキリも、大きな口でガブリと一口だ。このおう盛な食欲で、昆虫類の減少や、昆虫をエサにする他の生物の減少などの影響が考えられている。

2006年に静岡県で定着が確認されたが、積極的に取り除いた結果、野外で捕獲されることはほとんどなくなった！

加藤メモ

朝方や雨上がりは体温が上がっていないので動きが鈍く、捕獲のチャンス！静かに近づいて捕まえましょう！

HUNTER CARD FILE 34

ハンターレベル 特 飼 紛

Lv3 捕獲 ○ 捕獲したら…その場で処分し、食用やはく製・標本にする

こんなところにいる
標高があまり高くない森林などに生息し、市街地や公園などにもいることがある。名前のとおり木登りが得意で、日中は木の上で生活している。

ハンター行動
すばやい動きに対応するには、動きの鈍い朝方や雨上がりなどを狙う必要がある。直接手で捕まえるか、タモを使って、確実に捕獲しよう。

QUIZ
在来種のキノボリトカゲとの見分け方は？

① 体が緑色になる
② のどに白い斑点がある
③ 舌がのびる

② のどに白い斑点がある

スウィンホーキノボリトカゲののどには、在来種にはない白い水玉模様があるよ。

3章 森林にすみつく外来生物

日本最大級のお化けヘビ！

タイワンスジオ

毒はないが、かまれると大けがをする

獲物を待ち伏せ、一気に丸のみする

腹にあるうろこを使って木に登る

武器

かみつく

大食い

逃げ足

データ

種類	は虫類　ナミヘビ科
寿命	20年
体の大きさ	体長130〜270cm
食べ物	肉食で、小型のほ乳類や鳥類、両生類などを食べる
生息地	インド〜中国→沖縄県

ほ乳類を丸のみする無敵の大蛇

　1970年代に、ヘビ酒や土産物への利用のために日本にやってきたもののうち、逃げた個体が野外に定着したようだ。名前の「スジオ」は、尾に筋模様があることが由来。

　日本に生息するヘビの中でも最大級に分類され、大きいものは3m近くになる。腹にあるうろこを利用して木に登るのがうまい。エサはネズミなどの小動物で、絞め殺したあとで一気にのみ込んでしまう。襲ってくる動物もいない「無敵のヘビ」であるため、生息地域ではエサの食べ放題状態となり、他の生物の生息が危ぶまれている。捕獲すると、非常にくさいフンを出して逃げようとする。

加藤メモ

一度見かけた場所に同じ時間に行くと、**また現れる確率が非常に高い**です。そこを捕まえてしまいましょう！

QUIZ

タイワンスジオを発見しやすいのは？

① 冬
② 梅雨
③ 春

② 梅雨

雨の日、特に梅雨時には活発に動くようになり、捕まえやすくなる。雨が降らないときは、じっと隠れていることが多いんだ。

HUNTER CARD FILE 35

ハンターレベル

Lv3 捕獲 | 特 食 | 捕獲したら…その場で処分し、食用やはく製・標本にする

こんなところにいる

人里から森まで幅広く生息し、おもに木の上で生活している。昼行性で、夜は木の上で寝ている。好物のネズミが多いところに現れやすい。

ハンター行動

雨が降ったあとなどの活発に動く時期を狙い、トングなどを使って捕獲しよう。大きいヘビであるため、大人数人と一緒に捕えるのがベストだ。

3章　森林にすみつく外来生物

野に放たれた殺人毒ヘビ！
タイワンハブ

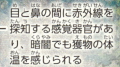

目と鼻の間に赤外線を探知する感覚器官があり、暗闇でも獲物の体温を感じられる

日本のハブよりも毒が強く、かまれたら命にかかわる可能性がある

日本のハブよりも攻撃的なので、近づいてはいけない

武器

 毒

 かみつく

 変装（擬態）

データ

種類	は虫類　クサリヘビ科
寿命	10年以上
体の大きさ	体長80〜130cm
食べ物	肉食で、ネズミや小鳥、トカゲなどを食べる
生息地	台湾、中国、インドシナ半島→沖縄県

かまれたらキケン！
人殺しハブ

　1970～1990年代に、ハブ酒の原料や観光客向けの展示用として沖縄に輸入されていたものが、野生化したと考えられている。在来種のハブよりも攻撃的で毒も強く、捕獲しようとすれば、すぐさま牙をむいてかかってくる。もしかまれれば、強力な毒で死に至ることを覚悟しなくてはならない。

　食欲も非常におう盛で、沖縄県ではヤモリの一種であるトカゲモドキを食べつくし、その生息数を激減させている。さらに、在来種のハブとの雑種も確認されており、在来種との見分けがつきにくくなっている。

加藤メモ
逃げるときは、タイワンハブに背中を向けてはダメ。ちゃんと**目視で確認**しながら後ずさりするように逃げましょう！

HUNTER CARD FILE 36

ハンターレベル 特 食

 捕獲 >>> ✕　見つけたら…
最寄りの機関に連絡を
→p120

こんなところにいる
平地から山地にかけて、広い範囲に生息。夜行性で、木の上で過ごすことが多い。湿った場所を好み、エサとなるネズミを求めて住宅地にも入り込んでいる。

ハンター行動
強い毒を持つので、捕獲は非常に危険。同じ場所で活動することが多いので、見かけたら近寄らず、その場所を覚えておき、地域の管理者や警察に連絡しよう。

QUIZ
タイワンハブの弱点は？
①雨
②暑さ
③寒さ

③寒さ
もともとあたたかい地域で生息していたため、寒いのが苦手。気温が20℃以下になると活動性が下がるといわれているんだ。

3章　森林にすみつく外来生物

カタツムリ界の巨大アスリート　危険度!!!

アフリカマイマイ

動くのが速く、一晩で50m以上動く

あらゆる植物を食べる食いしん坊で、石やコンクリートまで食べる

武器
- 大食い
- 逃げ足
- 子の数

データ
種類	軟体動物　アフリカマイマイ科
寿命	5～9年
体の大きさ	殻高15cm
食べ物	雑食で、あらゆる植物の芽や葉、茎などを食べる
生息地	アフリカ→小笠原諸島など

加藤メモ
寄生虫がついているので、決して素手で触れないように！

食用目的で日本に移入。世界最大級のカタツムリで、動きがすばやく、一晩で50m以上も動く。ありとあらゆる植物を食べつくし、砂や石、コンクリートまでも食べてしまう。乾燥に強く、殻の口にふたをして仮眠状態になれば、半年以上耐えられる。

HUNTER CARD FILE 37

ハンターレベル　食
Lv1 捕獲　→　捕獲したら…
飼う／処分／食べる／はく製・標本

こんなところにいる
夜行性で、昼間は落葉の中にいる。拡散を防ぐため、生息地からの持ち出しは禁止されている。

他のカタツムリを食べる肉食系! 危険度!!!

ヤマヒタチオビ

動きがすばやく、獲物を逃がさない

他のカタツムリを食べつくす貪欲さがある

加藤メモ
アフリカマイマイ同様に寄生虫がいるので、素手はNGです！

3章 森林にすみつく外来生物

武器
大食い / 逃げ足 / 変装（擬態）

データ
種類	軟体動物 ヤマヒタチオビ科
寿命	10年
体の大きさ	殻高6cm
食べ物	肉食で、他のカタツムリを食べる
生息地	北・南アメリカ→小笠原諸島（父島）

動きが速いカタツムリで、他のカタツムリを襲う性質があるため、アフリカマイマイの駆除のために小笠原諸島に持ち込まれた。しかし、アフリカマイマイより捕獲しやすい在来種を食べつくすようになり、アフリカマイマイ以上に被害を与える存在となった。

HUNTER CARD FILE 38

ハンターレベル 特敵
レベル Lv1 捕獲 ⟹ ○ 捕獲したら…
その場で処分し、食用やはく製・標本類にする

こんなところにいる
あたたかい地域の森林や草むらで、落ち葉などに紛れて生息している。寒い地域には生息しない。

かわいいけれど怖さ100倍！ 危険度

アムールハリネズミ

- 昆虫が大好物で、セミなどを食べつくす
- するどいトゲが手に刺さる
- トゲに覆われた体は、森の中では落ち葉や栗などと見分けがつかず、隠れるのに適している
- 寄生虫が多いので、素手で触るのは危険

※この生物は鳥獣保護法で個人での捕獲が禁止されています

武器

大食い

トゲ・針

変装（擬態）

データ

種類	ほ乳類　ハリネズミ科
寿命	5〜8年
体の大きさ	頭胴長24〜29cm、尾長2.5〜4cm／体重470〜900g
食べ物	肉食で、昆虫類や貝類、両生類、は虫類などを食べる
生息地	東アジア〜北東アジア→神奈川県、静岡県など

森のセミを食べつくす
かわいい顔の食欲モンスター

ハリネズミの仲間は、かわいらしい顔つきがペットとして好まれるが、逃げ出したり放たれたりして、野生化している。食欲はおう盛で、昆虫や貝類、両生類、は虫類から、鳥類のヒナや卵までも食べてしまう。特に昆虫が大好きで、セミであれば成虫から幼虫までをすべて食べつくし、セミの鳴かない「静かな森」に変えてしまう。捕獲しようと安易に手を出せば、トゲが刺さったり、体についているダニにかまれたりするだろう。

静岡県伊東市で捕獲されたアムールハリネズミ。一見かわいいが、ペットには向かないどう暴さがある。

加藤メモ

体やフンには独特のくささがあります。また、さまざまな感染症の原因にもなるので、直接触れるのはNGです！

QUIZ
夏の暑いときはどう過ごす？

① 動き回る
② エサをたくさん食べる
③ 冬眠のように眠る

③ 冬眠のように眠る
18℃以下になると冬眠するうえに、30℃以上の暑い時期にも眠る（夏眠）。寒くもなく暑くもない時期に活動が活発になるんだ。

HUNTER CARD FILE 39

ハンターレベル 特 飼

 捕獲 見つけたら…
最寄りの機関に連絡を
→p120

こんなところにいる
日本では静岡県の伊豆高原周辺に定着しており、畑や果樹園、公園などで見られる。夜行性で、日中は巣穴でじっとしていることが多い。

ハンター行動
鳥獣保護法の対象の生物であるため、個人で捕獲することはできない。見つけたら、その地域の管理者や警察、地方環境事務所などに連絡しよう。

3章　森林にすみつく外来生物

ハブより野蛮な殺し屋!

フイリマングース

危険度 !!!

- 捕獲しようとするとかみつき、けがをさせられる
- 肛門付近からくさいにおいを出す

加藤メモ
防除のコツは、すみかである**すき間を減らす**ことです!

この生物は鳥獣保護法で個人での捕獲が禁止されています

武器
 かみつく
 大食い
 逃げ足

データ
種類	ほ乳類 マングース科
寿命	3年
体の大きさ	体長25〜37cm 体重0.3〜1kg
食べ物	雑食で昆虫、ほ乳類、鳥類、は虫類などを食べる
生息地	中東〜東アジア・鹿児島県、沖縄県

ネズミやハブの駆除のために移入されたが、さまざまな絶滅危惧種を食べ荒らす存在になってしまった。かみつく力が強く、捕獲しようとすればけがをするので注意が必要だ。また、肛門付近に臭腺というにおいを出す器官があり、とてもくさいにおいを放つ。

HUNTER CARD FILE 40

ハンターレベル Lv4 捕獲
特敵 × 見つけたら…最寄りの機関に連絡を →p120

こんなところにいる
比較的低地の森や草むらなどに生息する。石垣のすき間などに潜む習性がある。

どこでもすめる図々しいイタチ  危険度!!!

チョウセンイタチ

さまざまな動物や木の実、果物を食べつくす

攻撃的で、手出しをするとかまれる

3章 森林にすみつく外来生物

武器

- かみつく
- 大食い
- 逃げ足

データ

種類	ほ乳類 イタチ科
寿命	2年以上
体の大きさ	頭胴長50〜70cm、尾長13〜21cm 体重360〜820g
食べ物	ネズミ類や鳥類などの他、果実も食べる
生息地	東アジア、朝鮮半島、対馬→本州中部地方〜九州

加藤メモ

在来種のニホンイタチのすみかを奪っている可能性があります。

この生物は鳥獣保護法で個人での捕獲が禁止されています

もともと対馬にはいたが、本州や九州には毛皮目的のものが移入した。在来種であるニホンイタチよりも体が一回り大きく、尾が長い。見た目はかわいいものの、性格はどう猛で攻撃的。安易に捕獲しようとすると、確実に手をかまれてしまう。

HUNTER CARD FILE 41

ハンターレベル 毛

 Lv4 捕獲
見つけたら…最寄りの機関に連絡を →p120

こんなところにいる

低地で、近くに森林が残された農地の周辺などに生息。住宅密集地にも生息している。

089

在来種との雑種が大量発生!?

タイリクモモンガ

危険度 ❗❗❗

加藤メモ
かわいいからといって、ペットにしようと捕まえないように！

今後、在来種のエゾモモンガなどとの雑種が生まれる危険性がある

この生物は鳥獣保護法で個人での捕獲が禁止されています

武器
- 大食い
- かみつく
- 逃げ足

データ
種類	ほ乳類 リス科
寿命	3〜5年
体の大きさ	頭胴長15〜20cm、尾長10〜12cm
食べ物	草食で、種子や果実、葉、樹皮などを食べる
生息地	北ヨーロッパ〜中国→不明

HUNTER CARD FILE 42
ハンターレベル Lv4 捕獲 × 特飼
見つけたら…最寄りの機関に連絡を →p120

逃げ足の速さはダントツ！

アナウサギ

危険度 ❗❗❗

武器
- 子の数
- 逃げ足
- 大食い

データ
種類	ほ乳類 ウサギ科
寿命	5〜10年
体の大きさ	体長35〜45cm / 体重1.4〜2.3kg
食べ物	植物の葉や芽、枝などを食べる
生息地	ヨーロッパ（スペインなど）→日本各地の離島

逃げたペットが在来種の植物を食べ荒らし、減少させている

加藤メモ
足が速く、最高速度はなんと時速80kmです！

この生物は鳥獣保護法で個人での捕獲が禁止されています

HUNTER CARD FILE 43
ハンターレベル Lv4 捕獲 × 飼
見つけたら…最寄りの機関に連絡を →p120

3章 森林にすみつく外来生物

人間に敵意むき出しでかみつく！
タイワンザル

危険度 !!!

農作物を食べ荒らすなどの被害を引き起こしている

武器
- かみつく
- 逃げ足
- 大食い

データ
種類	ほ乳類 オナガザル科
寿命	15年
体の大きさ	頭胴長35～55cm、尾長25～35cm
食べ物	雑食で果実や種子、木の葉、昆虫などを食べる
生息地	台湾→伊豆大島、和歌山県

加藤メモ
ニホンザルとの雑種が生まれ、見分けがつきにくいです。

この生物は鳥獣保護法で個人での捕獲が禁止されています

HUNTER CARD FILE 44
ハンターレベル Lv4　捕獲 ×　特飼　見つけたら最寄りの機関に連絡を →p120

鳴き声は大騒音レベル！
キョン

危険度 !!!

おう盛な食欲で在来生物のエサとなる植物を食べつくし、農作物をも食べる

加藤メモ
警戒音という鳴き声が、近くにいる証拠になります。

武器
- 子の数
- 逃げ足
- 大食い

データ
種類	ほ乳類 シカ科
寿命	15年
体の大きさ	頭胴長70～100cm／体重11～18kg
食べ物	雑食で、草や木の葉、小型のほ乳類、鳥類を食べる
生息地	中国、台湾→房総半島、伊豆大島

この生物は鳥獣保護法で個人での捕獲が禁止されています

HUNTER CARD FILE 45
ハンターレベル Lv4　捕獲 ×　特飼　見つけたら最寄りの機関に連絡を →p120

コラム3 ネコやイヌも外来生物だった!?

　ペットでよく飼われているネコやイヌは、人間の相棒ともいうべき存在で、生活の中になじんでいる。でも、そんなネコやイヌも、もともとは外来生物だって知っていたかな？

　イヌが日本にやってきたとされているのは、縄文時代。ヒトが大陸から日本に渡ってきたときに、一緒に連れてきたと考えられているよ。そしてネコは、仏教伝来とともに大陸からやってきたといわれている。大切な仏教の書物をネズミに食べられるのを防ぐために、天敵のネコも連れてきたらしいんだ。

　昔と比べて、今は野外でネコやイヌが増えていないのは、飼い主である人間が大切に飼育し、命を守っているからなんだ。ただし、飼われていたものがなんらかの理由で野外に放たれ、野生化してしまうと「ノネコ（野猫）」「ノイヌ（野犬）」となって在来生物を食べたり、悪い病気を人間にうつしたりしてしまうので、駆除の対象になってしまう。

　ネコやイヌを飼うときには、決して逃げ出さないようにして、責任をもって飼うようにしたいね。

ノネコもノイヌも、鳥獣保護法の対象になっているので、個人が捕獲することはできない。もとはたとえペットであっても、野生化したものはかみついてくるなどの危険があるので、見かけたら地域の管理者や警察などに連絡しよう！

4章 町・農地にすみつく外来生物

ムカつくほど頭がいい！

クマネズミ

危険度!!!

- 人間の動きを学習する、ずば抜けた知能
- するどい歯は、家の壁も壊せる
- 手足の肉球に滑り止めのヒダがあり、どんな危険な場所でも動き回れる

武器
- かみつく
- 子の数
- 逃げ足

データ
- 種類：ほ乳類　ネズミ科
- 寿命：1～2年
- 体の大きさ：頭胴長15～24cm、尾長15～26cm、体重150～200g
- 食べ物：雑食でおもに種実を食べるが、空腹だとなんでも食べる
- 生息地：東南アジア→日本全域

死肉を食いちぎり家を破壊する
最凶の忍者ネズミ

弥生時代に、物のやり取りに紛れて移入したと考えられている。現在では、都会で生きることに適応し、家の中の食品や農作物を食べ荒らす、憎き最凶ネズミとなっている。

垂直の壁を平気で登り、電線を綱渡りし、1〜2mは跳べるなど、忍者レベルの身体能力の持ち主だ。硬い木の実から動物の死肉まで食いちぎるするどい歯は、壁に穴を開けるほどの強さを持ち、家屋を破壊しかねない。本来は昼行性でありながらも、人間が動かないときに行動するために夜行性になるなど、人間もかなわないほどの知能と適応力を持つ。

加藤メモ
警戒心が強く、かしこいので、逃げ出したわなには**二度と引っかかりません**。まずわなに慣れさせることからスタート！

QUIZ
毒エサの効かないネズミは？

① スーパーラット
② ハイパーラット
③ グッドラット

① スーパーラット
駆除用の毒エサが効かないネズミを「スーパーラット」と呼び、その大部分がクマネズミだといわれているんだ。

HUNTER CARD FILE 46

ハンターレベル 紛

Lv3 捕獲 捕獲したら…
飼う　処分　食べる
はく製・標本

こんなところにいる
多くは建物内に生息し、伊豆諸島や小笠原諸島、南西諸島では、畑や森林内にいることもある。10cmくらいのすき間を好んで生活している。

ハンター行動
すばやいので直接の捕獲は不可能。わなで捕獲するには、長期間にわたってわなをしかけるなど、わなへの抵抗感をなくさせたうえで捕獲するのが確実だ。

4章　町・農地にすみつく外来生物

逃げ足ナンバーワンの大食漢

危険度 !!!

アライグマ

おう盛な食欲で、自然界の生物だけでなく農作物や人間の食べ物にまで手を出す

長い手指は実に器用で、わなにかかっても自ら逃げ出せる

木登りが得意で、木の上の生物を食べ荒らす

※この生物は鳥獣保護法で個人での捕獲が禁止されています

武器

 大食い
 逃げ足
 かみつく

データ

種類	ほ乳類　アライグマ科
寿命	13～16年
体の大きさ	頭胴長42～60cm、尾長20～41cm／体重4～10kg
食べ物	雑食で、両生類や虫類、魚類、鳥類など、幅広く食べる
生息地	北～中央アメリカ→北海道～九州

098

生態系を一瞬で壊す
無敵の大食いキング

　個人や動物園で飼育されていたものが野に放たれ、野生化したとされている。かわいらしい姿ではあるものの、その本性はなんでも食べつくす凶悪なモンスターだ。日本には天敵がいないため、わがもの顔で森林の生物たちを食べ荒らしている。
　得意の木登りで昆虫や鳥のヒナや卵まで食べ、その生息数を減少させている。動きがすばやいために捕獲がむずかしく、わなにかかっても、長い指を器用に使って逃げ出してしまうやっかいさだ。

こうして木に登り、昆虫類を食べ荒らしている。これでは虫の鳴かない悲しい森が日本全国に広がってしまう。

4章　町、農地にすみつく外来生物

加藤メモ

指が長く、子どものような手をしています。アライグマを探すときには、この手の跡を手がかりにしましょう。

HUNTER CARD FILE 47

ハンターレベル　特　飼

 Lv4 捕獲 >>>

見つけたら…
最寄りの機関に連絡を
→p120

こんなところにいる
水辺のある森林や湿地などに生息するが、農耕地や都市などさまざまな環境に適応できる。人里近くに巣を作ることが多く、空き家などにも生息している。

ハンター行動
鳥獣保護法の対象の生物であるため、個人で捕獲することはできない。見つけたら、その地域の管理者や警察、地方環境事務所などに連絡しよう。

QUIZ
アライグマが好きな人間の食べ物は？

① 刺身
② スナック菓子
③ サラダ

②スナック菓子
スナック菓子以外にも揚げパンやマヨネーズも好きで、わなをしかけるときにはこれらをエサにしておびき寄せたりするんだ。

驚異のジャンプでエサを獲る！

ハクビシン

危険度

得意の木登りで、大好物の果物を食べあさる

行動範囲が非常に広いため、すみかを複数持っている

垂直跳びや木登り、綱渡りなど、あらゆる動きに優れたアスリート生物

この生物は鳥獣保護法で個人での捕獲が禁止されています

武器

 大食い
 逃げ足
 かみつく

データ

種類	ほ乳類　ジャコウネコ科
寿命	10〜15年
体の大きさ	頭胴長50〜70cm、尾長30〜50cm、体重3.6〜6kg
食べ物	雑食で、果実や種子、小動物、鳥の卵などを食べる
生息地	ヒマラヤ、東南アジア、中国、台湾→北海道〜九州

隙間に潜んで果実を狙う
生物界のスーパージャンパー

　戦時中に毛皮用として日本に連れてこられたとされているが、江戸時代に持ち込まれたという記録もあり、かつては在来種として扱われていた。大きさはネコほどだが、「生物界のスーパージャンパー」と呼ばれるくらいジャンプ力があり、垂直飛びで、なんと1m10cmも飛び上がる。
　木登りや綱渡りも得意で、細い電線をものすごいスピードで走り渡ったりもする。その身体能力を使って、さまざまな果実を食べ荒し、農家に多大な被害をおよぼしている。性格はとてもおとなしく、警戒心が強いので、人間を見ると逃げてしまう。

加藤メモ
自分で巣穴は掘らず、木の穴や狭い隙間などをすみかにします。家と家の10cmほどの隙間で子育てをしていることもあります。

QUIZ
ハクビシンの名前の由来は？
① 白菜が好きだから
② 額から鼻への白い線
③ 英語での呼び名

② 額から鼻への白い線
ハクビシンは漢字で「白鼻芯」と書く。つまり、鼻筋にある白い線でハクビシンというのが名前の由来なんだ。

HUNTER CARD FILE 48

ハンターレベル　毛

Lv4　捕獲　×　見つけたら…最寄りの機関に連絡を →p120

こんなところにいる
夜行性で、昼間は木の穴や岩穴、家屋の屋根裏などで過ごし、夜になると樹上でエサを探す。しかし最近では、日中の住宅街などでも姿が見られることが多い。

ハンター行動
鳥獣保護法の対象の生物であるため、個人で捕獲することはできない。見つけたら、その地域の管理者や警察、地方環境事務所などに連絡しよう。

4章　町・農地にすみつく外来生物

一瞬でガブリ！ 敵にまっしぐら

危険度 !!!

クリハラリス
(タイワンリス)

加藤メモ
防除の際は、餌付けして慣らしながら捕獲することもあります。

気性が激しく、平気で人間をも襲う

するどい歯でなんでもかみ砕く

武器
- かみつく
- 逃げ足
- 大食い

データ
- 種類：ほ乳類 リス科
- 寿命：5年
- 体の大きさ：頭胴長20〜22cm、尾長17〜20cm／体重360g
- 食べ物：雑食で、果実や種子、花、葉、昆虫を食べる
- 生息地：台湾・埼玉県以西

この生物は鳥獣保護法で個人での捕獲が禁止されています

動物園や個人で飼われていたものが逃げ出し、野生化。気性が激しいクリハラリスは、するどい歯を武器にして、敵と見なせば人間にも容赦なく襲いかかる。この歯によって木の皮がはぎ取られたり、電線が切断されるなどの被害が起こっている。

HUNTER CARD FILE 49

ハンターレベル 特飼
Lv4 捕獲 × 見つけたら…最寄りの機関に連絡を →p120

こんなところにいる
低い山の森の中に生息するが、市街地の緑地や公園、寺院・神社などにも多く見られる。

人間を襲って追いはらう！

危険度！！！

チョウセンシマリス

加藤メモ
在来種のエゾシマリスとの交雑で、雑種が生まれている可能性があります。

冬眠前に凶暴化し、すべての生物に襲いかかる

人間の肉をかみちぎらんばかりのするどい歯

この生物は鳥獣保護法で個人での捕獲が禁止されています

4章 町・農地にすみつく外来生物

武器
- かみつく
- 子の数

データ
種類	ほ乳類 リス科
寿命	4～5年
体の大きさ	頭胴長12～19cm、尾長8～11.5cm 体重70～120g
食べ物	雑食で、種子や木の実、果実、キノコ、昆虫などを食べる
生息地	東アジア、中国大陸、朝鮮半島→日本全域

ペットで飼われていたものが放たれて野生化したシマリスは、冬眠前になると凶暴化する。自分以外の生き物を排除しようと考え、人間にも襲いかかってくる。逃げる人間を追いかけ、するどい歯で肉をかみちぎらんばかりに攻撃してくるのだ。

HUNTER CARD FILE 50

ハンターレベル **Lv4** 捕獲 ✕

飼

見つけたら… 最寄りの機関に連絡を →p120

こんなところにいる
昼行性で、木の上と地上の両方で生活している。木の穴や地下に巣を作る。

怖い昆虫ナンバーワンの毒アリ　危険度!!!

ヒアリ

尻にある針に毒がある。人間をも殺せる強さだ

針は非常に頑丈で、敵を何度も刺して攻撃できる

おなかが黒く、背中にコブが2つある

死肉をちぎるアゴの強さで、何度もかみつく

武器

毒

トゲ・針

かみつく

データ

種類	昆虫類　アリ科
寿命	働きアリ30〜180日、女王アリ2〜6年
体の大きさ	体長：働きアリ2〜6mm、女王アリ1cm
食べ物	雑食で、花蜜や樹液、昆虫、トカゲなどを食べる
生息地	南アメリカ→不明

毒のある針で何度も刺す！
凶暴な殺人アリ

　貨物にまぎれて日本に移入。別名「殺人アリ」と呼ばれ、おそろしく攻撃的だ。は虫類や小型のほ乳類を集団で囲い込み、尻にある頑丈な毒針で攻撃して殺して食べてしまう。その毒は、仔ウシでも簡単に殺せるほど強力で、人間が刺されるとアレルギー反応で死に至る可能性がある。

　また、毒を持つ他の虫は刺すのは1回きりなのに対し、ヒアリは何度も針を刺して攻撃してくるなど、容赦がない。生物の死肉をかみちぎる力のあるアゴで何度もかみつき、毒に加えてその痛みでも獲物を殺し、食べているのだ。

加藤メモ
すべてのアリを「ヒアリでは？」と疑わず、ヒアリがどんなものかという正しい知識を身につけて判断しましょう。

QUIZ
ヒアリ退治で有効なのは？
① 在来種による駆除
② 蚊取り線香を使う
③ ヒアリ探知犬

③ ヒアリ探知犬
オーストラリアや台湾では、人間の目では発見しにくいヒアリやその巣を、においで探し当てるヒアリ探知犬が活躍しているんだ。

HUNTER CARD FILE 51

ハンターレベル 特紋

レベル 捕獲 Lv4

見つけたら…
最寄りの機関に連絡を
→p120

こんなところにいる
亜熱帯から暖温帯の、一年中あたたかい地域に生息する。草むらや公園、農耕地などの比較的開けた環境を好み、土深くに巣を作る。

ハンター行動
毒があるため、直接捕獲するのは危険。発見したら、移動しないように箱などをかぶせたり、巣穴の写真を撮るなどして、地域の管理者や警察などに連絡しよう。

4章　町・農地にすみつく外来生物

世界のアリを食べつくし、日本も襲う！ 危険度！！！

アルゼンチンアリ

人間の肉を食いちぎるほどのアゴの力

性格は凶暴。どんな大きな生物にも集団で立ち向かう

武器
- かみつく
- 子の数
- 逃げ足

データ
種類	昆虫類 アリ科
寿命	10か月～1年
体の大きさ	体長：働きアリ25mm、女王アリ1cm
食べ物	雑食でなんでも食べるが、特に砂糖や花の蜜などを好む
生息地	南アメリカ→東京都～中国地方

加藤メモ
在来種のアリを殺してしまう、やっかいなアリです。

1993年、広島県で貨物にまぎれてきたものが見つかった。頑丈なアゴを武器に、他のアリの巣や鳥の巣などを集団で襲い、成体や幼体、卵もすべてエサにし、生物を絶滅の危機に追いやっている。人間も餌食になり、かみつかれれば肉を食いちぎられる。

HUNTER CARD FILE 52

ハンターレベル　特紛
Lv2 捕獲 ○
捕獲したら…その場で処分し、食用やはく製・標本にする

こんなところにいる
土の浅い部分に巣を作り、植木鉢やプランターの下、家の壁のすき間などにもいる場合がある。

いつの間にか人を殺す最凶サソリ！ 危険度!!!

キョクトウサソリ類

尾にある針から出る毒で、人間を簡単に殺せる

第二の武器であるハサミで、さまざまな生物をちぎる

加藤メモ
毒がありますので決して触らず、**見つけたら警察に通報を！**

4章　町・農地にすみつく外来生物

武器
毒 ／ トゲ・針 ／ ハサミ

データ
種類	節足動物　キョクトウサソリ科
寿命	3年
体の大きさ	体長2〜12cm
食べ物	肉食で、昆虫や小動物を食べる
生息地	アフリカ、中央・南アメリカ、アジア、オーストラリア一外来種は未定着。日本では先島諸島、八重山諸島、先島諸島に自然分布

確実に人間を殺せる毒を持った、殺人サソリだ。尾にある針で刺されてしまえば、神経毒によって神経麻痺、言語障害、呼吸困難などの症状があらわれ、最悪の場合は窒息死する。海外では人間の多くの死亡例があり、日本でも警戒されている。

HUNTER CARD FILE 53
ハンターレベル　特飼
Lv4　捕獲　×　見つけたら…最寄りの機関に連絡を →p120

こんなところにいる
野外または屋内で生活する。夜行性で、昼間は岩の下や土の中などにいることが多い。

107

執念深いどう猛殺人バチ

危険度 !!!

ツマアカスズメバチ

毒針で襲われれば、人間も死に至る

攻撃的なうえに執念深く、敵や獲物に何度も攻撃する

おながが黒く、足の先が黄色い

ハンター能力が高く、飛んでいる虫を口で捕まえられる

武器

毒

トゲ・針

子の数

データ

- 種類：昆虫類　スズメバチ科
- 寿命：2か月〜1年
- 体の大きさ：体長：働きバチ2cm、女王バチ3cm
- 食べ物：昆虫食で、ミツバチ、トンボなどを食べる
- 生息地：東南アジア、中国、台湾→対馬

しつこい攻撃で人をも殺す
ハチを食らうハチ

2012年に長崎県の対馬で見つかったが、どのように移入したかは不明。ミツバチをはじめ、在来種のキイロスズメバチなどを襲って食べつくす凶暴なハチだ。また、ミツバチも襲うため、ハチミツを採取する養蜂業に大きな被害が出ている。

しつこい性格と攻撃性を兼ね備え、一度でも敵または獲物と見定めたものには徹底的に攻撃をくり返す習性がある。その攻撃は人間にも向けられ、武器である毒入り針で何度も刺されれば、死に至ることは確実だ。また、飛んでいる虫を捕まえられるなど、ハンターとしての能力にも優れた万能バチである。

加藤メモ

韓国では年間10〜20km、ヨーロッパでは年間100kmというおそるべき速さで、生息域を拡大しているといいます。

QUIZ

1つの巣にいる働きバチの数は？

①500匹
②1000匹
③2000匹

③2000匹

スズメバチだと1つの巣の中に500匹ぐらいの働きバチがいるが、ツマアカスズメバチは、最大で2000匹もいるんだ。

HUNTER CARD FILE 54

ハンターレベル 特 不

見つけたら…
最寄りの機関に連絡を
→p120

こんなところにいる

比較的あたたかい地域の茂みや木、地中に巣を作ることが多い。中のハチが増えると、木の上の方に巣を移す性質がある。マンションなどの壁に巣を作ることもある。

ハンター行動

毒があるため、むやみに捕獲するのは危険。発見したら、自治体の担当窓口や地域の管理者、警察、地方環境事務所などに連絡しよう。

4章 町・農地にすみつく外来生物

突然ひょう変して毒を出す

セアカゴケグモ

危険度 !!!

人間に害のある毒を持っているのはメスのみ

普段はおとなしいが、いざとなるとかみついで毒を出す

繁殖力が高く、2か月で成体になり、卵を産む

武器

かみつく

毒

子の数

データ

種類	節足動物　ヒメグモ科
寿命	オス6〜7か月、メス2〜3年
体の大きさ	体長：オス4〜5mm、メス7〜10mm
食べ物	アリやワラジムシ、カメムシ、ハサミムシなどを食べる
生息地	オーストラリア→本州〜沖縄県

おとなしいのに凶悪！
人をマヒさせる毒グモ

　1995年に大阪府で発見され、その後は各地の港で見つかっている。足が長く、丸い体の上にある赤い模様が特徴。
　性格は非常におとなしく、つかんだりしない限りは人間を襲うことはない。しかし、危険を感じると、かみついて神経毒を注入する。毒はメスにしかないといわれており、かみつく力もオスよりメスの方が強い。メスにかまれると、激しい痛みや腫れが起こり、最悪の場合は全身症状を発症して苦しむことになる。また、生後2か月で卵が産めるようになる繁殖力もあり、あっという間に私たちの近くにやってくる可能性のある危険グモだ。

加藤メモ

荷物にまぎれて運ばれるため、最近では交通量の多い高速道路のサービスエリアでも発見されています。

QUIZ

セアカゴケグモを脅かすとどうなる？

① 死んだふり
② 知らん顔
③ 飛ぶ

① 死んだふり

驚くと、巣から落ちて死んだふりをする。しかし、かみつかれる危険性もあるので、決して興味本位で脅かしてはいけない。

HUNTER CARD FILE 55

ハンターレベル　特紛

 捕獲　×　見つけたら…
最寄りの機関に連絡を
→p120

こんなところにいる

日当たりがよくてあたたかく、エサになる虫が多いところに生息する。穴やすき間に、強い糸で網を張って巣を作り、エサとなる虫を待っていることが多い。

ハンター行動

毒があって危険なため、決して捕獲してはいけない。発見したら携帯電話などで写真を撮影し、自治体の担当窓口に連絡し、駆除してもらおう。

4章　町・農地にすみつく外来生物

湧き出るように増えまくる！
ハイイロゴケグモ

危険度 !!!

かまれると神経毒で全身が動かなくなる

一度に5000個もの卵を産み、あっという間に増殖する

武器
- 毒
- かみつく
- 子の数

データ
種類	節足動物　ヒメグモ科
寿命	オスは半年～1年、メスは2～3年
体の大きさ	体長：オス3～4mm、メス6～9mm
食べ物	昆虫全般を食べる
生息地	オーストラリア、中央アメリカ、南アメリカ、太平洋諸島・東京都、神奈川県、愛知県、大阪府、福岡県、鹿児島県、沖縄県

加藤メモ
背中の模様がかわいいからといって、触ってはダメです！

貨物にまぎれて移入。セアカゴケグモと同様に、メスが毒を持つクモだ。かみつかれると、昆虫であれば動けなくなり、人間であれば激痛と筋肉麻痺で苦しむことになる。また、一度に5000個ほどの卵を産むなど、繁殖力もあなどれない。

HUNTER CARD FILE 56

ハンターレベル 特紛
Lv4 捕獲 ✕ 見つけたら…
最寄りの機関に連絡を
→p120

こんなところにいる
日当たりがよくあたたかい場所に生息。都市部の建物の近くにある、側溝の中などに巣を作る。

野生化したペットが鳴き叫ぶ！

ワカケホンセイインコ

危険度！！！

大きなくちばしで果物などを食べつくし、電線を切ってしまう

武器
- 子の数
- 大食い
- 逃げ足

データ
- 種類：鳥類 インコ科
- 寿命：15年
- 体の大きさ：全長約40cm
- 食べ物：草食で、植物の種子や花、果実、芽などを食べる
- 生息地：インド、パキスタン、スリランカ〜関東地方以西

加藤メモ
飼育しているものを野外に出さないようにしましょう！

この生物は鳥獣保護法で個人での捕獲が禁止されています

HUNTER CARD ファイル57
ハンターレベル lv4 捕獲 ✕
飼 見つけたら…最寄りの機関に連絡を →p120

4章 町・農地にすみつく外来生物

キック力がハンパない！
インドクジャク

危険度！！！！

在来生物をエサとして食べ荒らし、生息数を激減させている

武器
- 大食い
- ひっかく

データ
- 種類：鳥類 キジ科
- 寿命：20年
- 体の大きさ：体長90〜130cm、オスの上尾筒2〜2.5m　体重：オス4〜6kg、メス2.8〜4kg
- 食べ物：雑食で、植物の芽や種子、昆虫、トカゲなどを食べる
- 生息地：パキスタン、インド、スリランカ、ネパール、バングラデシュ〜本州と四国の一部、大隅諸島、先島諸島

加藤メモ
2人以上で前と後ろから忍び寄り、はさみ撃ちで捕獲します。

この生物は鳥獣保護法で個人での捕獲が禁止されています

HUNTER CARD ファイル58
ハンターレベル lv4 捕獲 ✕
飼 見つけたら…最寄りの機関に連絡を →p120

コラム 4

池の水をぜんぶ抜く「かいぼり」とは？

　テレビ番組で、池の水をぜんぶ抜いて外来生物を探すのを見たことはないかな？あれは「かいぼり」と呼ばれる方法で、池や沼などの水をすべてくみ出し、水生生物を獲ったり、底にある泥を取り除いたうえで水底を乾かす方法なんだ。

　かいぼりは、もともとは農業用の池の水質をよくするために行われていた方法だけど、最近では公園や寺社などの池に増えた外来生物を取り除いたり、ゴミの除去のために実施されることが多いんだ。かいぼりでは、池や沼の水を抜いて、水が少なくなったところで生物を捕まえ、在来生物と外来生物に分けて避難させる。再び水を入れたあとには、在来生物だけを戻す方法をとっているよ。外来生物については、調査の対象になったり、処分されたり、動物園などで飼育するなどされているんだ。

静岡市麻機遊水地でのかいぼり調査

ポンプで水を抜くと、うごめくものがいくつも見えてくる！

巨大なウシガエルを捕獲！ オタマジャクシも大きい！

琵琶湖周辺固有の魚であるゲンゴロウブナは、ここでは国内外来生物（※）だ。

10年間放置されていたため泥が多く、重機で取り除くことに。

※国内の別の地域から持ち込まれた生物のこと。

外来生物を捕まえる
道具&わなマニュアル

道具やわなを使うには許可や資格が必要だよ！

警戒心が強かったり、動きがすばやくて捕まえにくい外来生物には、わなをしかけることがある。外来生物を捕まえるための代表的な道具やわなを確認しよう。

●直接捕まえる道具

わなでは捕まえることができないものや、一度にたくさん捕まえたいときに適しているよ。
※下の2つの道具は、地域によっては使用を禁止しているところがあります。

狙った獲物をひとすくい！

さで網

柄がついていない大きな網のことで、手で網を持ちすくって捕獲する。小さめの魚が、浅瀬に集まっている状態での捕獲に向いている。

捕獲できる外来生物

カダヤシ / カムルチー(ライギョ) / アリゲーターガー

投網

網を投げて広げることで、数メートル先の水中にいる外来生物を捕獲できる。狙った魚以外の魚も入ってくるので、在来種は逃がしてあげよう！

捕獲できる外来生物

ナイルティラピア / オオクチバス / コクチバス

群れている魚を一網打尽！

116

● わなで捕まえる道具

待ち伏せして捕まえる道具。在来種がかからないようにエサやしかけ方を工夫しよう。
※わなを使うときには都道府県知事などの許可が必要です。

一度入ると出られない!

カニかご

甲殻類を捕獲するのに向いているわな。一度中に入ると出られないしくみになっている。カエルやカメにも応用可能。

捕獲できる外来生物
- アメリカザリガニ
- ウシガエル
- タウナギ

陸上の外来生物のわな

かごわな

中にエサを入れて、外来生物をおびき寄せる。中にある板をふんだり、エサを引っ張ることでフタが閉じて出られなくなるしくみになっている。

捕獲できる外来生物
- クマネズミ
- アライグマ
- ハクビシン

日光浴好きのカメを捕獲!

日光浴わな

カメ専用のわな。日光浴をするために寄ってきたカメが、わなの内側にある水に入ると、上がってこられなくなるしくみ。

捕獲できる外来生物
- ミシシッピアカミミガメ
- フトマユチズガメ
- ハナガメ

外来生物の防除活動は市民の協力が大切!

外来生物を駆除したり、広がりを防いだりすることを「防除」というよ。防除活動では、ここで紹介した道具やわなが大活躍。ただし、道具やわなの使用には、許可や狩猟の免許が必要なんだ。

そこで、その許可を出す行政と市民が協力して、みんなが参加できる防除活動を進めているよ。ボランティアで参加できる催しがあったらぜひチャレンジしてみよう。これらの道具をさわることもできるし、キミのハンタースキルもアップするぞ!

5章 外来生物研究室

ハンターの服装と必要なものは？

外来生物を捕獲するときには、安全を第一にした服装を心がけよう。捕獲に必要な道具とともに、陸上・水の中でのそれぞれの服装を紹介するよ。

● 陸上での捕獲

帽子・タオル
日光や落下物から頭を保護する。頭にタオルを巻いてもよい。

軍手
捕獲のときの必需品。革手袋であればさらによい。

虫取り網
足の速いトカゲなどにかぶせてゲットできる。

長そでのシャツ・長ズボン
外来生物の攻撃から身を守るためにも、肌がかくれる服装を選ぼう。

水筒・ペットボトル
屋外での捕獲では、水分補給をこまめにしよう。

長靴
長ズボンのすそを入れて、肌を見せないようにする。

118

水辺での捕獲

タオル
帽子よりも落ちにくいので、水の中の捕獲ではタオルを巻くのがおすすめ。

半そでのシャツ
水の中では、そで口がじゃまにならない半そでがおすすめ。

胴長
胸当てとズボン、長靴が一つになったゴム製の衣服。体が直接水に触れないため、さまざまな危険から体を保護してくれる。

軍手
外来生物の攻撃から、手を守ってくれる必需品。

釣り竿・タモ
深場の生物は釣り竿で。浅瀬の生物はタモでゲット！

5章　外来生物研究室

他にはこんな道具も準備！

アニマルスネア

輪の部分に外来生物の首をひっかけて捕獲する。

トング

手元のレバーで先端を動かし、ヘビなどをつかむ。

バケツなどの容器

捕まえる生物が入る大きさの容器を用意する。

捕獲できない外来生物とできる外来生物はどう違う?

捕獲NG! 法律で禁止されている外来生物は捕まえてはダメ!

▶「鳥獣保護法」で指定された外来生物

野生生物のうち、鳥類やほ乳類(一部の例外を除く)は勝手に捕獲できないんだ。

▶「種の保存法」で指定された外来生物

絶滅のおそれがあるとして指定された生物は、勝手に捕獲できないんだ。

> その他にも、毒があったり、強くかみつくなど、人間に害を与える外来生物は捕獲しないようにしよう。

捕獲NGの生物を捕まえたらどうなるの?

「鳥獣保護法」と「種の保存法」で指定されている生物を捕まえると、逮捕されることもあるんだ。

身近にいるスズメも「鳥獣保護法」の対象の生物だ。

捕獲NGの外来生物を見つけたらどうする?

決して自分では捕まえず、下のいずれかに連絡しよう。

- ▶見つけた場所の管理者(公園であれば管理事務所など)
- ▶自治体の役所
- ▶警察
- ▶環境省の地方環境事務所

連絡先一覧はここを見よう!
https://www.env.go.jp/nature/intro/reo.html

捕獲OK！
「捕獲NG！」の外来生物以外ならすべて捕獲できる

捕獲したあとは、どうする？
捕獲した生物が特定外来生物かどうかで、捕獲後にできることに違いがあるよ。

	特定外来生物	それ以外の外来生物
家で飼う	×	○
処分する	○	○
他の地域に持ち込む	×	×
生きたままで持ち帰る	×（処分したものを持ち帰るのは○）	○
繁殖させる	×	○
他人に譲る	×	○
食べる	○	○
はく製・標本にする	○	○

特定外来生物とは？

外来生物のうち、在来生物の生息や人間の生活に大きな影響をおよぼすもの、またはそのおそれがあるものを「特定外来生物」に指定して、取り扱いを規制しているんだ。

環境省ホームページ「特定外来生物等一覧」
https://www.env.go.jp/nature/intro/2outline/list.html

> 特定外来生物の取り扱いは**法律で決められている**。だから上の表で「×」がついていることをすると、逮捕されることもあるよ。

5章 外来生物研究室

外来生物Q&A

Q 外来生物はどうして日本にやってきたの？

A 外来生物は自ら日本にやってきたのではなく、人間のさまざまな都合によって、本来の生きている土地から運ばれてきたのです。

①ペットなどの飼育用として

アリゲーターガー

ミシシッピアカミミガメ

②食用として

ナイルティラピア

ウシガエル

③毛皮用として

アメリカミンク

ヌートリア

④釣りなどの娯楽のため

オオクチバス

ブルーギル

⑤有害な生物の駆除のため

フイリマングース

カダヤシ

⑥貨物などに紛れて

ヒアリ

セアカゴケグモ

Q 外来生物って悪い生き物なの？

A 外来生物は決して悪い生き物ではありません。もともとすんでいた地域で在来生物だったものが、人間の都合で日本に連れてこられ、外来生物と呼ばれるようになったのです。

Q 外国から来る渡り鳥って外来生物？

A 渡り鳥は、子育てや冬を越すために日本にやってきます。このように、自分の力で日本にやってくる生物は、在来生物として扱われます。

Q 外来生物によって、日本の自然にどんな影響があるの？

A 在来生物がすむ環境を荒らしたり、在来生物を食べてしまうことで、生態系に大きな影響を与えます。また、巣穴を作ることで地形の変化を起こし、災害の原因にもなっています。

オオクチバスは、在来生物のメダカなどを食べてしまう。

ハナガメと在来生物のニホンイシガメとの雑種が生まれている。

5章 外来生物研究室

Q 外来生物を増やさない方法は？

 わたしたちにできることは、「新たな外来生物を外国から勝手に入れない」「外来生物を屋外に捨てない」「外来生物を野外へ移動させない」ことです。この3つをしっかり守りましょう！

外来種被害予防三原則

入れない！
悪影響をおよぼす可能性のある外来生物を、勝手に持ち込まない。外来生物の問題を起こさないための、もっとも基本的なルール。

捨てない！
外来生物を飼っているならば、きちんと管理する必要がある。決して屋外には捨てず、最後まで責任を持って管理しよう。

拡げない！
すみついている外来生物は、その生息地域を拡大しないようにする必要がある。放流などで、他の地域に拡げてはいけない。

Q 家の近くで見つけられる身近な外来生物ってある？

 外来生物といえば、アリゲーターガーやカミツキガメなどの大きな生物が有名ですが、公園や道ばたでよく見る動物や植物の中にも、外来生物がたくさん存在しています。

キミのそばにある外来生物

〈動物〉
- オカダンゴムシ
- セイヨウミツバチ
- チャコウラナメクジ
- チャバネゴキブリ
- ワラジムシ

〈植物〉
- セイタカアワダチソウ
- セイヨウタンポポ
- ナガミヒナゲシ
- ハルジオン
- ヒメジョオン

 オカダンゴムシ

 セイヨウタンポポ

Q 専門家と一緒に外来生物を捕獲するには？

最近では、多くの公園や川、池で外来生物の防除活動が行われています。ボランティアとして参加できる活動もありますので、防除活動を行っている団体に問い合わせてみましょう。

Q 日本生まれの外来生物がいるって本当？

日本国内生まれであっても、本来すんでいない地域に持ち込めば、国内外来生物となります。114ページで紹介したゲンゴロウブナも、琵琶湖周辺以外にいる場合は国内外来生物です。

Q 飼っていたミシシッピアカミミガメが大きくなって飼いきれなくなったら、自然に帰してもいい？

どんな理由であれ、外来生物を野外に放つのは絶対にやめましょう。飼ったものは、最後まで責任を持って飼うべきです。ミシシッピアカミミガメは寿命30年以上です。どうしても飼えない場合は処分をしなくてはなりませんので、生き物を飼う前にはその生き物についてしっかりと調べ、飼うかどうかを決めるようにしましょう。

生き物を飼う前に確認しよう！

- 世話にどれくらいの手間や費用がかかるか
- どのくらい大きくなるか
- 寿命はどれくらいか
- どのくらい繁殖するか、また、繁殖を抑える方法はあるか

外来生物・索引

捕獲OKの外来生物（アイウエオ順）

 035 アオウオ

 059 アジアジムグリガエル

 056 アフリカツメガエル

 082 アフリカマイマイ

 060 アメリカザリガニ

 014 アリゲーターガー

 106 アルゼンチンアリ

 018 ウォーキングキャットフィッシュ（クララ）

 054 ウシガエル

 064 ウチダザリガニ

 028 オオクチバス

 036 カダヤシ

 031 カムルチー（ライギョ）

 064 カラドジョウ

 035 グッピー

 094 クマネズミ

 074 グリーンアノール

 070 グリーンイグアナ

 030 コクチバス

 058 シロアゴガエル

 076 スウィンホーキノボリトカゲ

 065 スクミリンゴガイ（ジャンボタニシ）

 033 ソウギョ

 034 タイリクバラタナゴ

 078 タイワンスジオ

 065 タウナギ

 022 ナイルティラピア

 032 ハクレン

 053 ハナガメ

 052 フトマユチズガメ

026 ブルーギル

020 マダラロリカリア（プレコ）

048 ミシシッピアカミミガメ（ミドリガメ）

083 ヤマヒタチオビ

捕獲NGの外来生物（アイウエオ順）

090 アナウサギ

084 アムールハリネズミ

040 アメリカミンク

098 アライグマ

113 インドクジャク

044 カミツキガメ※

107 キョクトウサソリ類

091 キョン

102 クリハラリス（タイワンリス）

110 セアカゴケグモ※

090 タイリクモモンガ

091 タイワンザル

080 タイワンハブ※

034 チュウゴクオオサンショウウオ

089 チョウセンイタチ

103 チョウセンシマリス

108 ツマアカスズメバチ※

038 ヌートリア

112 ハイイロゴケグモ※

100 ハクビシン

104 ヒアリ※

088 フイリマングース

113 ワカケホンセイインコ

050 ワニガメ※

※法律で捕獲は禁止されていないが、危険なため捕獲を避けたほうがよい外来生物。

5章 外来生物研究室

著者プロフィール

加藤 英明(かとう ひであき)

1979年静岡県生まれ。静岡大学大学院教育学研究科修士課程修了後、岐阜大学大学院連合農学研究科博士課程修了。農学博士。静岡大学教育学部講師。日本国内で外来生物が生態系へ与える影響について研究するとともに、は虫類ハンターとして、世界50カ国以上の国々に赴き、現地で希少なは虫類の生態調査を行っている。
『世界ぐるっと 爬虫類探しの旅 ～不思議なカメとトカゲに会いに行く～』『爬虫類ハンター加藤英明が世界を巡る』(ともにエムピー・ジェー)、『講談社の動く図鑑MOVE は虫類・両生類』(講談社)ほか著書多数。テレビ『クレイジージャーニー』『ザ！鉄腕！DASH!!』『緊急SOS！池の水ぜんぶ抜く大作戦』、ラジオ『ヒデ博士の環境スクールFM-Hi76.9』などでも幅広く活躍中。

Staff
イラスト
岩崎政志／川崎悟司／磯村仁穂／大野直人
デザイン
DAI-ART PLANNING 宇田隼人
校正
株式会社円水社
編集
グループONES 引田光江／三浦由子
小栗亜希子

参考文献
『外来生物ずかん』(ほるぷ出版)
『外来種ハンドブック』(地人書館)
『外来どうぶつミニ図鑑』(全国農村教育協会)
環境省ホームページ(http://www.erv.go.jp/)
国立環境研究所「侵入生物データベース」
(https://www.nies.go.jp/biodiversity/invasive/)
東京都環境局「気をつけて！危険な外来生物」
(http://gairaisyu.tokyo/)
大阪府立環境農林水産総合研究所
(http://www.kannousuiken-osaka.or.jp/)

危険SOS！外来生物図鑑

発行日　2018年 7 月25日　初版第1刷発行
　　　　2019年 6 月30日　　　第3刷発行

著者　　加藤英明
発行者　竹間 勉
発行　　株式会社世界文化社
　　　　〒102-8187　東京都千代田区九段北4-2-29
　　　　編集部 ☎03-3262-5118
　　　　販売部 ☎03-3262-5115
DTP製作　株式会社明昌堂
印刷・製本　株式会社リーブルテック

©Hideaki Kato, 2018.Printed in Japan
ISBN978-4-418-18227-5
無断転載・複写を禁じます。
定価はカバーに表示してあります。
落丁・乱丁のある場合はお取り替えいたします。
本書に掲載している情報は2018年11月現在のものです。